Entwicklungsphysiologie der Tiere

von

Friedrich Seidel

III

Morphologische und histologische Differenzierung der Organe

Mit 33 Abbildungen

Zweite, neubearbeitete Auflage

WDEG

1976

Walter de Gruyter · Berlin · New York

SAMMLUNG GÖSCHEN 2602

Dr. *Friedrich Seidel*
o. Prof. em. der Univ. Marburg/Lahn

CIP-Kurztitelaufnahme der Deutschen Bibliothek

Seidel, Friedrich
Entwicklungsphysiologie der Tiere. – Berlin, New York: de Gruyter.
3. Morphologische und histologische Differenzierung der Organe. – 2., neubearb. Aufl. – 1976.
(Sammlung Göschen; Bd. 2602)
ISBN 3-11-005834-0

Inhalt

Dritter Band

INHALT der drei Bände

Erster Band

Zweiter Band

Dritter Band

4. Morphologische und histologische Differenzierung der Organe

a) Organbildung im Embryo (Amphibien)

Obwohl in der Körpergrundgestalt lediglich die wesentlichen Züge eines tierischen Bauplanes zum Ausdruck kommen, sind im Innern dieser großformigen Gestalt bereits weitere Gliederungen vorbereitet, die zur Entwicklung von Organen führen. Organe sind Körperteile mit besonderer Funktion. Sie entstehen in der Körpergrundgestalt durch blastematische Segregation, Sonderung von Teilsystemen (Organfeldern). Sie grenzen sich dabei als selbständige Ganze ab und weisen Bildungsgesetze auf, die denen vergleichbar sind, welche am Ganzkeim bei der Entwicklung der Körpergrundgestalt festgestellt wurden. Organfelder sind vielfach als Ganze regulationsbefähigt. Selbstdifferenzierung und Interaktionen folgen der Segregation. Vor allem treten bei der Organbildung einbahnig gerichtete Induktionen zweiter, dritter und noch weiterer Ordnung auf, indem durch Induzierung entstandene Gebilde selbst wieder Induktoren werden und zu neuen Aufgliederungsprozessen Anlaß geben. In der Abb. 1 sind einige wesentliche solcher Reaktionsfolgen für die Organbildung in ihrer gegenseitigen Verzahnung miteinander dargestellt. Induktoren erster Ordnung sind doppelt, solche zweiter und dritter Ordnung einfach, durch Segregation, Selbst- oder Abgliederung entstandene Organe unterbrochen umrandet. Pfeile kennzeichnen die Induktionswirkung und Segregation. Das Schema möge man bei den Induktoren erster Ordnung, Prächordale Platte und Chorda, zu lesen beginnen.

Aus diesem Netzwerk von Wirkungsweisen wird im folgenden eine Auswahl so dargestellt, daß sich ein allgemeines Bild über einige für die Organbildung bezeichnende Vorgänge abzeichnet. Mit Fortschritt der Analyse wird es immer schwerer, einschlägige Verhältnisse herauszuheben, wie dies durch starke Pfeile getan ist. In vielen Fällen treten Induktions-

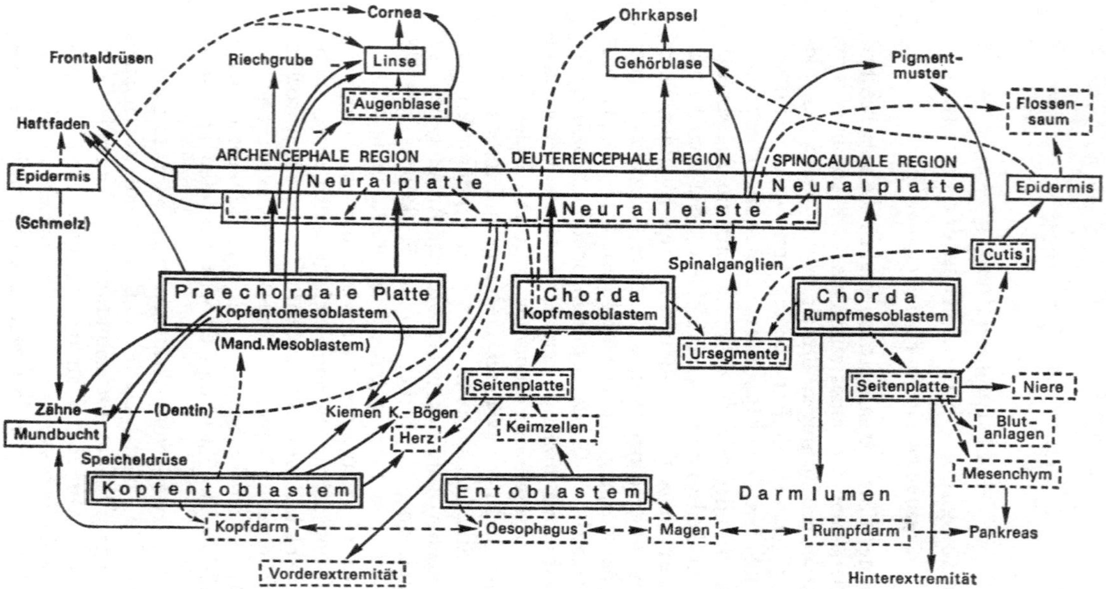

Abb. 1. *Triturus* (Molch). Übersicht über experimentell erwiesene Reaktionsfolgen bei der Organbildung. Affinitätswirkungen und polarisierende Einflüsse nicht eingetragen.

[Doppelrahmen] → Induktoren erster Ordnung.

[Einfacher Rahmen] → Induktoren zweiter und dritter Ordnung.

[Punktierter Rahmen] → Durch Segregation entstandene Organe.

[Rahmen mit punktiertem Innenrahmen] → Induktor, aus segregiertem Blastem entstanden.

Pfeile: Induktionen (1. Ordnung stark hervorgehoben) bzw. Segregationen (Abgliederungen oder Selbstgliederungen).

wirkungen zweiter oder dritter Ordnung synergistisch hinzu. Das Schema muß der Natur der Sache entsprechend unvollkommen bleiben. Da die Formen der Organe und ihre gewebliche Ausgestaltung bei den verschiedenen systematischen Klassen, Ordnungen, Gattungen, Arten der Tiere gegenüber der innerhalb der Tierklasse gleichartigen Körpergrundgestalt mehr und mehr Besonderheiten aufweisen, wird die Analyse derjenigen Faktoren, welche solche Unterschiede bewirken, im folgenden einen zunehmend größeren Raum einnehmen.

Regionalspezifische **Segregation von Anlagen im Induktionsbereich erster Ordnung.** Die erste sichtbare Organgliederung entsteht in der offenen Neuralplatte mit der Segregation der Augenblasen als Teilanlagen der Augen (siehe Abb. 2).

Am queren Hirnwulst senken sich rechts und links der Mediane zwei Gruben ein (Abb. 2 a, Au), welche sich beim Schluß des Neuralrohrs zu zwei seitlichen Blasen vervollständigen (Abb. 2 c, Au, Abb. 3 b_2). Sie dellen sich von außen her zum Becher ein und nehmen in dessen Höhlung die vom überlagernden Ektoblastem abgeschiedenen Linsenbläschen auf (Abb. 2 d, Li). Die der Linse zugewandte Schicht vom *Augenbecher* verstärkt sich und wird zur Netzhaut (Abb. 4 a, Ret), während der abgewandte Teil der Augenblase das dünne Pigmentepithel bildet (Abb. 4 a, Pi).

Vom Stadium der Abb. 2 a an vermag die Neuralplatte in mesenchymatischer Umgebung das Organ selbstdifferenzierend hervorzubringen (Bd. II, Abb. 36 b_3). Noch in der mittleren Gastrula dagegen kann das präsumptive Augenblasenmaterial zu beliebigen ektoblastemalen Formbildungen herangezogen werden. In diesem Stadium lassen sich ja auch durch Schnürung noch Kopfdoppelbildungen mit vier Augen erzielen.

Wie Bd. II, S. 156 geschildert ist, erhält die Neuralplatte ihre Längsgliederung, und damit die Fähigkeit, neben Gehirnteilen Riechgruben, Hörbläschen auch Augenblasen zu bilden, durch Reaktionen mit dem vorderen Urdarmdach als Kopforganisator. Ob sich dort ein Induktor lediglich für Auge abgrenzen läßt, bleibt noch eine offene Frage. Zur Ausbildung der normalen bi-

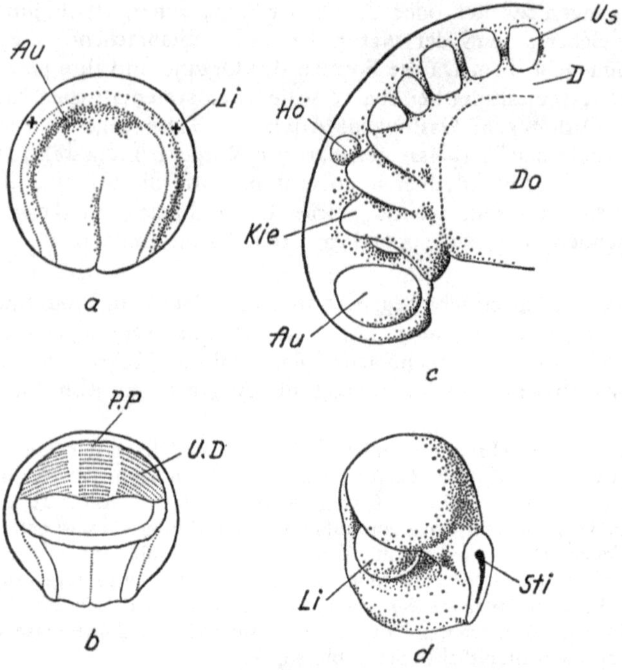

Abb. 2. a, c) Bildung des Auges von *Triturus* (nach MANGOLD 1931, MUTHMANN 1904, verändert). b) Entnahme von Urdarmdach. d) Schema zur Bildung von Augenbecher und Linse (nach FRORIEP 1906)

Au Augenblase. *D* Darmlumen. *Do* Dotter. *Hö* Hörbläschen. *Li* Linse. + *Li* präsumptive Linsenbildungszellen. *Kie* Kiementasche, Schlundtasche. *P. P Prächordale* Platte. *Sti* Augenbecherstiel, Verbindung zum Zwischenhirn, *U. D* Urdarmdach; hier: unsegmentiertes Entomesoblastem (sog. mandibulares Mesoblastem, vgl. II, Abb. 32 bs, *Mand. M)*. *Us* Ursegment

lateralen Symmetrie der Augenanlagen ist ebenfalls das Urdarmdach unentbehrlich, wenn auch offenbar gleichzeitig im Ektoblastem eine gewisse präsumptive Bahnung für eine solche Anordnung besteht (II, S. 152 f.). Das in Abb. 2 a zwischen den werdenden Augenblasen liegende Stück Neuralplatte bringt, ohne Unterlagerung an die Bauchseite einer Neurula verpflanzt, meist ein Auge hervor. Mit Unterlagerung dagegen bilden sich in der Mehrzahl der Fälle z w e i Augen (ALDERMANN). Klappt man bei einer Neurula die Neuralplatte vorn auf (Abb. 2b) und entfernt das Urdarmdach (MANGOLD) oder nur ein medianes Stück desselben, so entwickelt sich anstelle zweier Augen ein einziges zyklopisches. Die bilaterale Anlage der Augen scheint dadurch bedingt zu sein, daß ein medianer Streifen der prächordalen Platte (P.P) eine induktionshemmende Wirkung ausübt. Zudem besitzt der für die Augenausbildung entscheidende Bezirk des Urdarmdachs nur eine geringe Längsausdehnung. Das vorderste mediane Stück Neuralplatte, kombiniert mit einem Stück Urdarmdach aus der nach hinten folgenden Region, bringt nur Zwischenhirn, Mittelhirn, Chorda und Ursegmente in bilateralsymmetrischer Anordnung, jedoch kein Auge hervor. Zugleich läßt sich in Drehversuchen zeigen, daß dieser anschließende Urdarmdachbezirk die Differenzierung des Augenbereichs der Neuralplatte hemmen kann. *Die Lokalisierung der Augenanlagen ist demnach unmittelbar der Gliederung des Urdarmdachs zuzuschreiben. Die entscheidenden Reaktionen zur Bildung der Augenblasen laufen zwischen ihm und der Neuralplatte ab, ohne daß dazu eine Differenzierung der zugehörigen Hirnteile eingetreten sein muß.* – Allgemein weist das vorderste Ende des Urdarmdachs eine große Empfindlichkeit gegen äußere Schädigungen auf. Durch ganz unspezifische Mittel, wie abnorme Temperatur, veränderte Zusammensetzung des Mediums, Vergiftungen, kann sehr leicht Zyklopie erzielt werden.

Induktionen zweiter und dritter Ordnung. Anteil von Induktor und Reaktionsblastem an der Lokalisierung der Anlagen. Der Anlagenbereich für die Bildung der A u g e n l i n s e liegt nach Farbmarkierungen außerhalb der Neuralplatte an den in Abb. 2a bezeichneten Stellen in der Epidermis (Li), und zwar in ihrer Basalschicht. Erst durch Gestaltungsbewegungen, welche zur Rohrbildung führen, gelangt dieser Bezirk über die Augenblase. Die Prüfung der auslösenden Ursachen für die Linsenbildung führte zu der Entdeckung, daß die Augenblase einen Induktor für diesen Vorgang darstellt (SPEMANN). Werden beim Grasfrosch *Rana temporaria* aus der Neurula die präsumptive Augenblase (Abb. $3a_1$) oder aus dem Schwanzknospenembryo die bereits abgegliederte Augenblase (Abb. 3 b_2) einseitig herausgeschnitten, so entwickelt sich an der Operationsseite keine Linse. In der Epidermis, dem Reaktionssystem, ist die Kompetenz zur Linsenbildung weit ausgebreitet. Noch im Schwanzknospenstadium kann man sowohl aus Kopfhaut (Abb. 3 a_3, K) wie aus Bauchhaut (B), welche man auf die Augenblase legt, eine Linse erhalten (+). Die gesamte Epidermis von *Rana temporaria* bzw. auch von *Bufo* oder *Triturus* reagiert wie die normalerweise allein über dem Augenbecher liegenden Linsenbildungszellen. Auf diese einfachen Abhängigkeitsbeziehungen ist es zurückzuführen, daß die Linse auch unter geänderten Verhältnissen genau über dem Augenbecher liegt und sich in ihrer Größe jeweils dem Augenbecher genau anpaßt (Abb. 4 a–d, rechts).

Histochemisch gewinnen die Linsenbildungszellen der Molche, z. B. von *Triturus pyrrhogaster,* den Charakter von Linsenzellen erst in dem Stadium, in dem sich das Linsenbläschen zu formen beginnt. Dies kann mittels der Immuno-Fluoreszenz-Methode nachgewiesen werden. Durch Antiseren gegen adulte *Tr. viridescens*-Linsen, die mit einem fluoreszierenden Stoff gekoppelt sind, lassen sich auf Schnitten von Linsenbläschen unter dem Fluoreszenzmikroskop Linsen-Antigene aufzeigen. Man verwendet diese und ähnliche Methoden zunehmend, um am Auftreten der einzelnen Strukturproteine die Stufenfolge der Zytodifferenzierung in ihrem Zusammenhang mit den Induktionsprozessen zu studieren (YAMADA).

Lokalisierung und Größenbestimmung der Augenlinse erfolgen durch Lage und Größenmaße der induzierenden Nachbaranlagen. Da der Augenbecher dem Urdarmdach als „Induktor erster Ordnung" seine Entstehung verdankt, müssen wir ihn selbst als „Induktor zweiter Ordnung" ansehen. Von Augenbecher und Linse aus wird wiederum, durch Induktion „dritter Ordnung", die darüberliegende Epidermis zur Bildung von Hornhaut *(Cornea)* angeregt (Abb. 1).

Bei Ausführung dieser Versuche an anderen Amphibien ergeben sich Unterschiede zu diesem Verhalten. Das zeigen die in Abb. 3 a–c genannten Amphibien. Trotz Extirpierung der

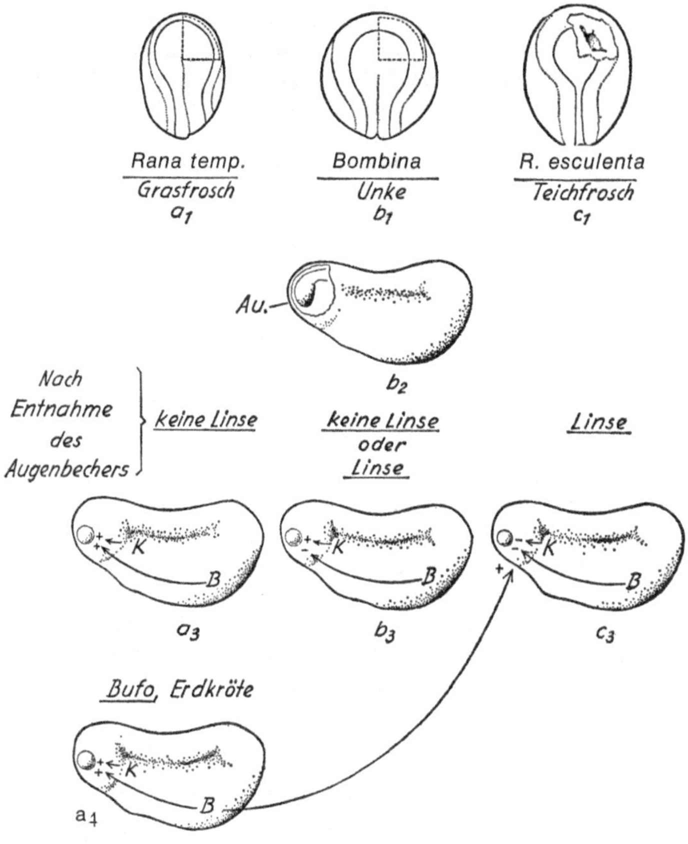

Abb. 3. Operationen zur Prüfung der Linsenbildungsfähigkeit der Epidermis verschiedener Amphibien (nach Untersuchungen von SPEMANN 1912, FILATOW 1925, V. WOELLWARTH 1961)

(a_1–c_1) Operationsschemata für das Neurulastadium. Entnahme des Augenblasenbereiches. b_2) Desgl. für das Schwanzknospenstadium. Darunter Operationsergebnisse von a_1–c_1, sowie b_2. a_3–c_3), a_4) Positiver (+) oder negativer (–) Erfolg bei Verpflanzung von Kopfhaut *(K)* oder Bauchhaut *(B)* in den präsumptiven Linsenbildungsbereich (Stadium b_2) der unter a_1–c_1) und a_4) angegebenen Arten – *Au* Augenblase

Augenblase entstehen bei der Unke *Bombina* ab und zu (Abb. 3 b), am Keim des Teichfrosches *Rana esculenta* (bei niederer Temperatur von 12 °C) regelmäßig Linsen (Abb. 3 c). Diese Linsen verdanken ihr Dasein jedoch nicht, wie man gemeint hat, einem Selbstdifferenzierungsvermögen der Epidermis, sondern einem schon vorzeitiger wirkenden Induktor im prächordalen mandibularen Mesoblastem (Abb. 1 und 2 b, U. D, sowie II, Abb. 32 b_5, Mand. M), welches die Augenblasen unterlagert. Auch bei der Gruppe Abb. 3 a (links) ist dieser Induktor vorhanden. – Als weitere hier nicht näher behandelte Neben-Induktoren müssen Riechgrube, Gehirnteile, Hörblasen gelten (MANGOLD). – Bei der Wirkungsbereitschaft aller dieser Induktoren geschieht die genaue Lokalisierung der Linse so: Die zwischen Urdarmdach und Epidermis ventralwärts wandernden Neuralleistenzellen (Abb. 8) schirmen, wie Ausschaltversuche (v. WOELLWARTH) zeigen, die Induktionsfaktoren des Mesoblastems und anderer Keimteile rings um die Augenblase ab, so daß nur sie allein wirkt.

Dem Induktionsmodus bei den Gruppen Abb. 3 b und c geht ein Kompetenzgefälle innerhalb der Epidermis parallel. Während bei *Rana temporaria* (a_3) sowohl Kopf- wie Bauchhaut Linse bilden können, hat dies Vermögen bei *Bombina* in der Kopfhaut (Abb. 3 b_3), bei *R. esculenta* in den präsumptiven Linsenbildungszellen (Abb. 3 c_3) seinen Höhepunkt.

Daß die Induktoren von *R. esculenta* auch anderen Epidermiszellen als den eigenen Linsenbildungszellen Linse induzieren können, zeigt der Versuch von FILATOW. Er verpflanzte präsumptive Bauchhaut von der Erdkröte *Bufo*, die entsprechend ihrer Zugehörigkeit zu den in Abb. 3 a (links) genannten Tieren normalerweise mit ihrer ganzen Haut auf den Induktionsreiz „Linse“ anspricht (Abb. 3 a_4), auf die Augenblase von *R. esculenta* (Abb. 3 c_3). Auch hier bildet diese Bauchhaut eine Linse. Die Amphibiengruppen Abb. 3 a und c unterscheiden sich demnach durch das Wirkungsbild der Induktoren, wie durch das Kompetenzgefälle im Reaktionssystem der Epidermis.

Einige Komplikationen kommen allerdings noch hinzu (v. WOELLWARTH). Dem Augenbecher als Induktor gibt höhere

Temperatur (25 °) auch bei *R. esculenta* vollen Vorsprung gegenüber dem Induktor des Mesoblastems, schirmt diesen ab, so daß *R. esculenta* sich jetzt so verhält, wie wenn sie zur linken Gruppe Abb. 3 a gehörte. Ihre Zugehörigkeit zur rechten Gruppe Abb. 3 c ist nur bei niedriger Temperatur (12 °C) gewährleistet. Induktions-, Reaktions- und hemmende Neuralleisten-Systeme reagieren auf Temperaturänderungen in jeweils eigener und artspezifischer Weise.

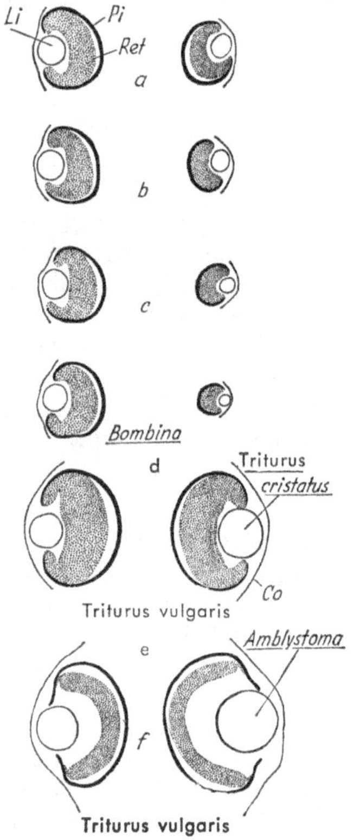

Abb. 4. Untersuchungen über die Induktionsbefähigung des Augenbechers

a–d) Operationsergebnisse nach Entnahme verschieden großer Teile der präsumptiven Augenblase bei *Bombina* (Unke, Abb. 3 b1); links normale, rechts operierte Augen. Die Größe der Linse entspricht jeweils der des Augenbechers (nach SPEMANN 1912). e) Ergebnis nach Transplantation von präsumptiver Bauchhaut von *Triturus cristatus* (Kammolch) auf *Triturus vulgaris* (Teichmolch). Links normales *vulgaris*-Auge. Rechts Augenbecher von *vulgaris*, Linse und Hornhaut von *cristatus*-Material 9 Tage nach Operation: Die Linse ist für den Augenbecher zu groß. f) Vergleichbare Operation wie e. Links normales *vulgaris*-Auge. Rechts Augenbecher von *vulgaris*, Linse und Hornhaut vom Axolotl. 54 Tage nach Operation: Der Augenbecher gleicht sich der übergroßen Linse durch Vergrößerung an (nach ROTMANN 1939)

Co Cornea, Hornhaut. *Li* Linse. *Pi* Pigmentepithel. *Ret* Retina, Netzhaut

Für den Ablauf dieser Induktionsprozesse zweiter Ordnung gelten die gleichen Gesetzmäßigkeiten, die für die Neuralplatteninduktion der ersten Ordnung festgestellt wurden. Die Aufnahmefähigkeit für den Induktionsreiz ist an eine kurze sensible Periode gebunden. Sie tritt erst dann in der Epidermis der Neurula auf, wenn die Fähigkeit zur Neuralplattenbildung bereits seit längerer Zeit nicht mehr besteht (II, Abb. 37 q, t). Die Epidermis muß aus dem Ektoblastem abgegliedert sein und ihren eigenen Differenzierungsstand erworben haben. Auch hier wird mit der Induktion lediglich die allgemeine Formbildung ausgelöst, während die spezielle Form dem Reaktionsgewebe entsprechend ausfällt. So bildet sich auf *Triturus vulgaris* aus verpflanzter *cristatus*- bzw. Axolotl-Epidermis eine relativ langsam sich entwickelnde, für den *vulgaris*-Augenbecher übergroße Linse (Abb. 4 e, rechts). Erst später, wenn die Wachstumsvorgänge einsetzen, kann insofern eine Regulierung eintreten, als sich der Augenbecher entsprechend der Linse harmonisch vergrößert (Abb. 4 f, rechts). Auch relativ zu kleine oder zu große Augen im Verhältnis zum ganzen Körper können auf das normale Maß gebracht werden. Muskeln passen sich dem Auge größengerecht an. Der Induktion vom Augenbecher aus zum linsenbildenden Ektoblastem folgt eine Rückwirkung von der zu großen Linse auf den Augenbecher. Dies ist ein typisches Beispiel dafür, daß die Wirkungen, auch bei Induktionen, niemals endgültig eingleisig verlaufen, sondern daß wir es stets mit Wirkung und Gegenwirkung, d. h. mit Blastem-„Interaktionen" zu tun haben (vgl. Bd. II, S. 172).

Komplizierte Lokalisierungsprozesse unter gleichzeitigem Anteil verschiedener Induktoren. Während bei der Bildung des Auges bereits durch die Gliederung des Urdarmdachs, durch die örtliche Begrenzung der Induktoren und die teilweise beschränkte Kompetenz der Epidermis eine Lokalisierung des Organs erreicht wird, scheint bei der Differenzierung der Haftfäden, durch welche die jungen Molchlarven vor der Entwicklung der Vorderextremitäten eine erste Stütze zur Erhaltung des Gleichgewichtes finden, die Lokalisierung nicht auf so einfachem Wege zu geschehen. Haftfäden sind epidermale Schläuche mit axialem Mesenchym, das aus der Neuralleiste stammt. Blasteme aus weiten Keimbezirken sowohl des mandibularen Mesoblastems, wie aus der Neuralleiste, der Neuralwülste, aus der Neuralplatte selbst vermögen einzeln Haftfäden zu induzieren (Abb. 1, MANGOLD, ROTMANN). So entsteht in der normalen Entwicklung der Haftfaden wahrscheinlich im Schnittpunkt dieser vielfältigen Induktionseinflüsse. *Die Zusammenordnung der Induktoren zu einem System ist hier für die Lokalisierung entscheidend.* Durch eine solche Induktorenanordnung zeichnen sich auch Keime von Arten aus, die keinen Haftfaden besitzen: Rumpfepidermis einer *Triturus*-Neurula vermag in dem Bereich des Axolotl-Keimes, welcher der Haftfadenregion anderer Molchkeime entspricht, Haftfaden zu bilden. Er fehlte demnach der Axolotllarve lediglich infolge mangelnder Reaktionsfähigkeit der eigenen Epidermis. Die Lokalisierung der Anlage durch das Induktorengleichgewicht kann nur realisiert werden, wenn ein kompetentes Reaktionsblastem zur Verfügung steht. Wie aus anderen heteroplastischen Transplantationsversuchen hervorgeht, sind bei der Bildung des Haftfadens auch die sensible Periode der Induzierbarkeit, die Größe der Anlage, das Entwicklungstempo, die endgültige Größe und Form des Haftfadens, sowie der Zeitpunkt, zu dem er wieder rückgebildet wird, durch Faktoren der Epidermis bedingt.

Besondere Aufschlüsse mußte das Experiment xenoplastischer Transplantation bei seiner Anwendung auf die Frage nach der Lokalisierung sowie der unterschiedlichen Ausgestaltung der Mundbewaffnung und der *Hafteinrichtungen* vermitteln. Schon sehr bald nach der Entdeckung des Organisators wies SPEMANN auf diese Möglichkeit hin: Wenn man den Gewebsaustausch zwischen einem Molch und einem Froschkeim so vornehmen könnte, daß in die präsumptive Mundgegend einer Molchgastrula präsumptive Bauchhaut der Gastrula eines Frosches verpflanzt wird (Abb. 5 a), „bekäme dann die Larve Zähne oder Hornkiefer?". Sie entwickelt auf Grund des Induktionsreizes vom Kopfentomesoblastem des Molches (Abb. 1) in der Froschepidermis die dieser eigenen Hornkiefer (Abb. 5 $b_{1,2}$, Ho). Damit wird zunächst bestätigt, daß die Induktionsreaktion für Organbildungen lediglich einen ganz allgemeinen Auslösungsvorgang darstellt, auf den jedoch die gesamten Epidermiszellen, auch die der Bauchgegend, anzusprechen vermögen. – In der transplantierten präsumptiven Bauchepidermis des

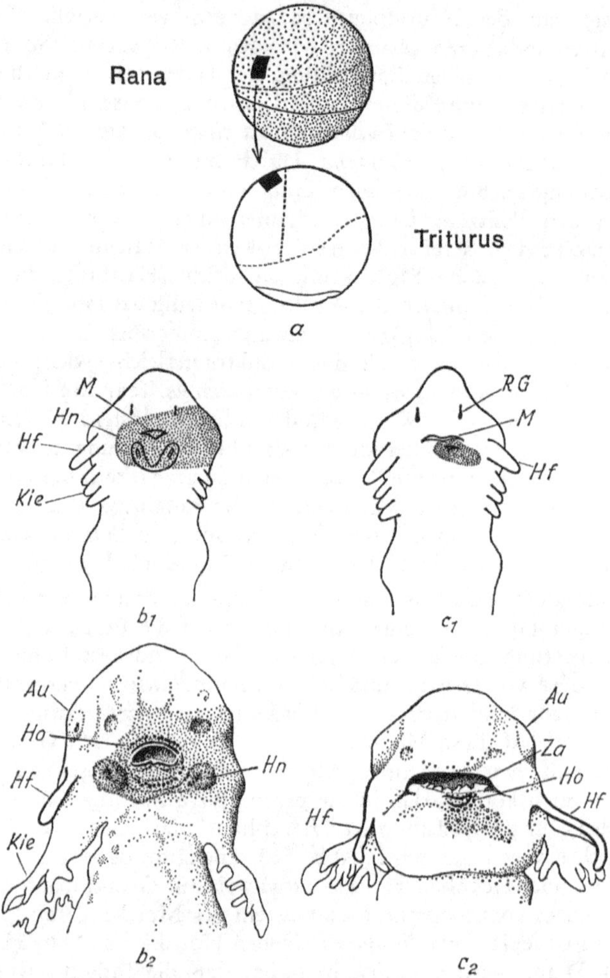

Abb. 5. Xenoplastischer Transplantationsversuch zur Prüfung der Frage nach dem Anteil von Induktor und Reaktionssystem an der Bildung von Mundbewaffnung und Haftfaden (nach den Untersuchungen von SPEMANN und SCHOTTE 1936) a) Operationsschema: Implantierung von präsumptiver Bauchhaut der frühen Froschgastrula in präsumptive Mundgegend der Molchgastrula. b_1) Schema der

Frosches aus dem gleichen Versuch fehlen auch die dem Molch zugehörigen Haftfäden (Abb. 5 $b_{1,2}$, rechts, Hf). Statt dessen haben sich die Haftnäpfe der Froschlarve entwickelt (Abb. 5 $b_{1,2}$, Hn), hügelförmige Verdickungen der Haut, in die sich Sekretzellen grubenförmig einsenken. Wie sich an der Molchlarve Abb. 5 b_2 erkennen läßt, bei der ein Haftfaden (Hf) aus nicht vom Transplantat bedeckten Bereich entwickelt war, liegen die Haftnäpfe wesentlich weiter median als die Haftfäden. Sie hätten in der präsumptiven Froschbauchhaut nicht an ortsrichtiger Stelle entstehen können, wenn das im einzelnen noch nicht bekannte Spiel der Induktoren nicht auch im Molchkeim regionsspezifisch ablaufen würde, obwohl dieser es normalerweise infolge seiner andersartigen Epidermis in der Haftnapfregion niemals verwerten kann. Es ist eine ähnliche Lage wie bei dem haftfadenlosen Axolotl, nur daß in unserem Falle Induktoren für ein Organ vorhanden sind, das dem Haftfaden der Lage nach kaum homolog ist.

Ebenso wie der Induktor im Organisationssystem erster und zweiter Ordnung zeitlich übergreifend war, so ist er auch systematisch nicht eingeengt. *Systematische Spezifität* ist dem Reaktionssystem eigen. Es vermag im Falle der Mundbewaffnung und der Haftfäden auf weniger spezifische Induktoren regionsrichtig und proportionsgemäß zu reagieren, und zwar nicht nur an örtlich bestimmten Stellen, sondern an seiner gesamten Front. Daß die systematischen Unterschiede der Reaktionsblasteme sich, abgesehen von den Besonderheiten der Kernkonstitution, auch in denen des Plasmas äußern, hat sich wahrscheinlich machen, jedoch noch nicht unmittelbar beweisen lassen. Auch an den Wirkungen der Organ-Induktoren haben *genetische Faktoren* Anteil. Bei bastard-merogonischen Keimen, z. B. *Triturus helveticus*-(♀) × *cristatus*-♂, bei welchen infolge der unharmonischen Kern-Plasma-Kombination nach dem Schluß des Neuralrohrs Kernzerstörungen im Kopfentomeso-

Lage des Implantats nach Ausbildung der Larve und b_2) Operationsergebnis: Haftfaden fehlt, Haftnäpfe vorhanden, Kaulquappenmaul. c_1) Schema für einen gleichartigen Versuch. Implantat unmittelbar hinter dem Mund. c_2) Operationsergebnis: Außer Dentinzähnchen auch Hornkiefer

Au Auge. *Hf* Haftfaden. *Hn* Haftnapf. *Ho* Hornkiefer. *Kie* Kiemen. *M* Mund. *R.G* Riechgrübchen. *Zä* Dentinzähne

blastem auftreten (vgl. I, S. 109 f.), entwickeln sich weder *Kiemen* noch *Haftfäden*. Verpflanzt man aber bastard-merogonische Epidermis im Stadium der frühen Gastrula auf einen normalen Keim gleichen Stadiums, so zeigen die aus dieser Epidermis entstehenden normalen Kiemen und Haftfäden an, daß bastardmerogonisches Ektoblastem imstande ist, einen Induktionsreiz zu empfangen. Lediglich hatten die Entomesoblastemzellen im Bastardmerogon die Induzierung nicht leisten können (HADORN). Die disharmonische bastard-merogonische Kern-Plasma-Kombination ist für das Versagen des Induktors verantwortlich zu machen. Zum aktiven Vollzug der Induzierung sind nicht nur Einzelbereiche der Zellen, sondern die ganzen unversehrten Zellen notwendig.

Ob sich bei einer hetero- oder xenoplastischen Verpflanzung die Eigenarten des Reaktionsgewebes vollständig durchsetzen können, hängt natürlich unter anderem auch davon ab, ob das Induktorgewebe selbst mit am Aufbau des Organs teilnimmt, ob die Induktionsweise komplementär oder nur konstituierend ist. So sind an der Entwicklung der Kiemen Induktionsreize sowohl des Ektomesoblastems (aus der Neuralleiste), wie auch des Kopfentoblastems beteiligt (Abb. 1). Da aber die Kiemenfäden einzeln auswachsen und ihrer epidermalen Deckschicht eine von den Schlundfalten herrührende Entoblastemschicht eingelagert wird (ROTMANN), so kann die chimärische Kieme, bei Austausch lediglich der Epidermis durch artfremdes Material, die Artmerkmale des Spenders nicht so rein zum Ausdruck bringen, wie dies bei der Entwicklung des Haftfadens der Fall war.

Wie das Urdarmdach während der Gastrulationsbewegung die Fähigkeit zu **Regulationen** besitzt, indem es etwa in zwei künstlich erzeugten Vorderenden sich jederseits bilateral-symmetrisch ausbilden kann und zwei *Augen* zu induzieren vermag, so bewahrt häufig auch die bereits segregierte Organanlage noch die Fähigkeit der Umregulierung. Die Anlage für das *Hörbläschen,* wie die Augenanlage regionalspezifisch vom Urdarmdach induziert (Abb. 1), erscheint zuerst als Epidermisplatte (Plakode). Sie stülpt sich dann über ein Grübchen zu einem Bläschen ein, von dem aus die weiteren Formungen der statischen und akustischen Organteile einsetzen (Abb. 2c, Hö). Solange die Grübchenbildung noch nicht begonnen hat, können aus einer geteilten Plakode zwei Hörbläschen hervorgehen. Auch über die *Herzanlage,* die durch Selbstabgliederung aus der inneren Randzone der Gastrula entsteht, liegen ähnliche Versuche vor. Sie bildet sich normalerweise aus zwei in den Seitenplatten gelegenen Anlagen. Isoliert erzeugt jede dieser beiden ein pulsierendes Herzrohr. In assimilatorischer Induktion kann implantiertes Mesoblastem andersartiger Herkunft in die Anlage einbezogen werden. Die *Extremitätenanlage* zeichnet sich in der geschlossenen Neurula als ein Bezirk ab, der sich ventral vom vierten Ursegment befindet, und einen Durchmesser von $3^1/_2$ Ursegmenten besitzt. An dieser Stelle verdickt sich das Mesoblastem der Seitenplatte. Ob Epidermis beliebiger Herkunft an diesen Ort transplantiert wird, oder ob man das Extremitätenmesoblastem allein unter eine beliebige Hautregion bringt, immer wird die Epidermis durch komplementäre Induktion vom Seitenplattenmesoblastem her in die Extremitätenbildung einbezogen. Die Intensität, mit welcher die Induktion vom Mesoblastem her geschieht, nimmt vom dorsal-hinteren Sektor des kreisrunden Anlagengebietes nach den Rändern hin gefälleartig ab. Teile der Anlage sind fähig, regulatorisch eine ganze Extremität auszubilden. Selbst wenn fast das ganze Extremitätenfeld, wie in Abb. 6 a_1, ausgeschnitten und nach hinten verpflanzt wird, kann sich aus den Randgebieten am alten Ort noch eine vollständige Extremität entwickeln (Abb. 6 a_2, a_3). Auch zwei Anlagen schließen sich, ortsrichtig übereinander gelegt, zu einem einzigen Bildungsblastem zusammen. – Prinzipiell vergleichbare Verhältnisse finden wir bei der Entwicklung der *Epidermisorgane,* wie Haare, Schuppen, Krallengebilde, Federn.

Während der **Ausgestaltung der Organanlagen** sind ähnliche Vorgänge zu beobachten, wie sie für die Ausgestaltung der Neuralanlage geschildert wurden. Mit der Differenzierung der Augenblase erhält ihr Blastem den Hirnteilen gegenüber eine negative Affinität, welche ihre Abgliederung vom

Hirn fördert. Zum Mesenchym bleibt die Affinität der Augenblase positiv, während das Hirn gegenüber dem Mesenchym eine Ausstoßungstendenz aufweist (II, Abb. 44 c, d, Au). Die Eindellung der Augenblase zum Augenbecher kann nur in mesenchymatischer Umgebung vollzogen werden.

In der Hörplakode macht sich die erste Differenzierung durch eine Strukturanordnung geltend, die auf eigene oder nachbarliche polarisierende Einflüsse zurückgeht. Mit dem Stadium der beginnenden Schwanzknospe, in welchem die Mesenchymzellen der Neuralleiste sie zur Hälfte umwandert haben, zeichnet sich, entwicklungsphysiologisch nachweisbar, eine Polarität in der Vornhintenrichtung ab. Sobald die Anlage von diesen Zellen vollständig eingeschlossen ist, gewinnt sie auch in der Dorso-Ventralrichtung eine polare Struktur (Harrison, Nieuwkoop, Experimente am Axolotl *Amblystoma).*

Die Methode für solche Untersuchungen über polarisierende Einflüsse für eine Anlage wurde in den klassischen Experimenten an Extremitäten von Harrison ausgebildet. Wie im Anschluß an Abb. 35 i (Band II) geschildert wurde, läßt sich der Vorderextremitätenbereich schon in der frühen Gastrula in der inneren Randzone nachweisen. Harrison prüfte die Ausbildung der Polarität durch Transplantationen der Extremitätenknospe im Schwanzknospenstadium, in welchem sie sich mit ihren beiden Blättern, dem verdickten Mesoblastem und der überlagernden Epidermis, gerade gut abzuzeichnen beginnt. In diesem Stadium ist die Extremität hinsichtlich ihrer Qualität: Vorder- oder Hinterextremität, bereits festgelegt, was in der Neurula noch nicht der Fall war. Wird die Vorderextremitäten-Knospe nun als ganze ausgestanzt und lagerichtig etwas weiter hinten eingepflanzt (Abb. 6 a_{1-3}), so entsteht dort ein Auswuchs, der sich an seinem freien Ende spatelförmig abplattet, dann in der neben Abb. 6 a_2 wiedergegebenen Weise zur Gliederung schreitet. Wie aus einem Vergleich mit der am Ursprungsort regenerierenden Extremität hervorgeht, bildet er sich herkunftsgemäß zu einer wirtsseitenrichtigen Vorderextremität aus. (Es sind auf den Abbildungen nur vordere, dagegen keine hinteren Extremitäten dargestellt.) Dieses Ergebnis konnte als Kontrolle für die weiteren Versuche dienen, in denen bei der Verpflanzung von Knospen jeweils eine ihrer Achsen den Körperachsen gegenüber gedreht wurde.

Im Gegensatz zu den Untersuchungen am Hörbläschen ließ sich kein Stadium auffinden, in welchem die Anlage der Extremitäten ohne polare Struktur wäre. Trägt man die Extremitätenanlage der rechten Seite (Abb. $6\,b_1$, punktiert) im Sinne des gebogenen Pfeiles vorn um den Kopf herum und implantiert sie auf der linken Keimseite, so bleiben die Dorsoventralachse (↑) und die Innen-Außen-Achse in normaler Lage zum Keim erhalten, nur die Vorn-Hinten-Achse (<::::::::) wird der des Keimes entgegengerichtet (====>). Die Extremität entwickelt sich nicht ortsrichtig, sondern herkunftsgemäß (wirtsseitenverkehrt). Eine rechte Extremität entsteht auf der linken Seite (Abb. $6\,b_{2,3}$, Tr). In der Knospe war zur Zeit ihrer Verpflanzung (Neurula und Schwanzknospenstadium) die polare Struktur so klar entwickelt, daß polarisierende Einflüsse des Wirtes sie nicht abändern konnten. – Trägt man bei der Verpflanzung hingegen die rechtsseitige Knospe im Sinne des gebogenen Pfeiles der Abb. $6\,c_1$ über den Rücken des Keimes auf die linke Seite, verkehrt also allein die Dorsoventralachse (↓), so entsteht eine wirtsseitenrichtige Extremität (Abb. $6\,c_{2,3}$, Tr). Eine rechte Extremität erhält die Seitenqualität einer linken, wenn eine Achse invertiert wird. So muß in diesem Experiment die Dorsoventralachse, die der des Wirtes entgegengerichtet wurde, von diesem invertiert und der Wirtsrichtung gleichgerichtet worden sein. Sie war im Augenblick der Verpflanzung nicht ausgebildet oder jedenfalls noch umänderbar. Wählt man zu den Verpflanzungen nicht nur das Extremitätenfeld allein, sondern eine größere Scheibe Epidermis und Mesoblastem von etwa fünf Ursegmenten Durchmesser, und dreht nach Einheilung innerhalb dieses Bezirks die Extremitätenanlage allein wieder dem Scheibenrand gegenüber zurück, so stellt sich die Dorsoventralachse nicht auf den Körper des Wirtes, sondern auf die Lage der verpflanzten Scheibe ein. Die polarisierenden Einflüsse werden offenbar in unmittelbarer Nähe der Extremitätenanlage wirksam, sind aber nicht an einzelne Nachbarorgane oder bestimmte Keimregionen gebunden, da sie sich auch nach

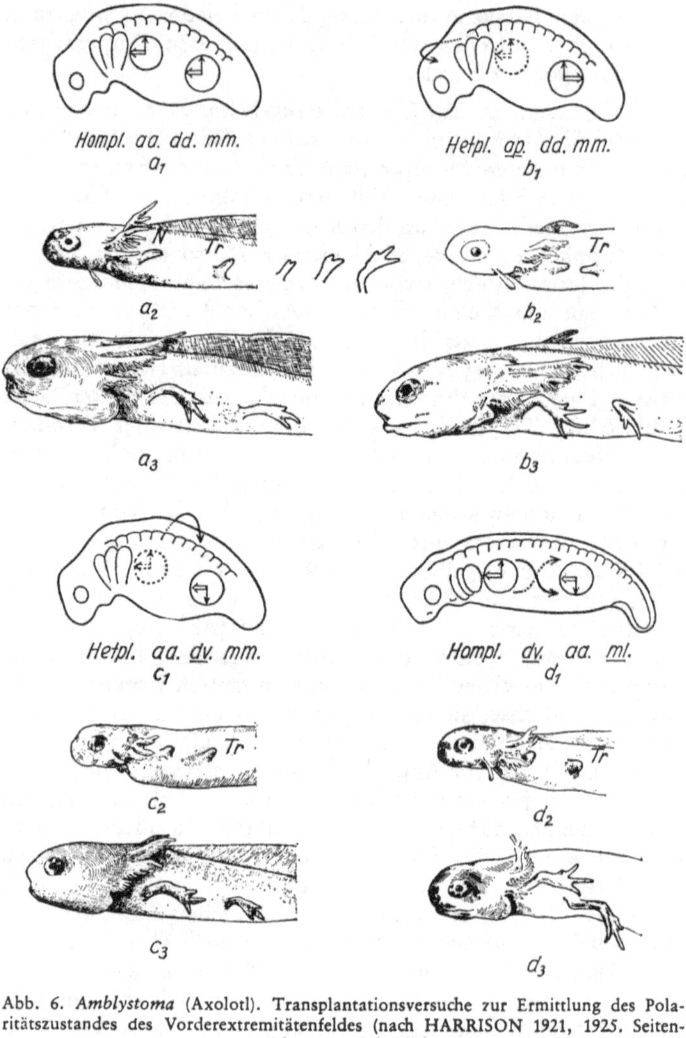

Abb. 6. *Amblystoma* (Axolotl). Transplantationsversuche zur Ermittlung des Polaritätszustandes des Vorderextremitätenfeldes (nach HARRISON 1921, 1925. Seitenansichten vereinheitlicht)

a1) Lagerichtige Verpflanzung der Extremitätenknospe im Schwanzknospenstadium nach hinten (hompl. aa. dd. mm). a2) Ergebnis nach 8 Tagen. Lagegerechte Extre-

Verpflanzung der Extremitätenknospe in für sie fremde Bezirke äußern.

Um das Verhalten der Innen-Außen-Achse zu untersuchen, muß man in etwas späterem Stadium experimentieren, da sich vorher das Mesoblastem nicht unversehrt ausschälen läßt. (Anwendung von Trypsin erleichtert die Sonderung der Schichten.) Dreht man das Mesoblastem der linken Vorderbeinknospe unter Beibehaltung der Vorn-Hinten-Achse mit seiner Innenseite nach außen (Abb. 6 d_1), so zeigt die entstehende wirtsseitenrichtige Extremität (Abb. 6 $d_{2,3}$) an, daß beim Mesoblastem die Innen-Außen-Achse (wie die Dorsoventralachse) noch zu invertieren ist. Hier scheint die Epidermis einen polarisierenden und außerdem induzierenden Einfluß auszuüben, welcher vermutlich auch für die erstmalige Entstehung einer Extremitätenknospe unabhängig von der Induktion durch das Mesoblastem wirkt. Denn in einer Neurula, die ventral aufgeschlitzt ist und in der nach Entfernung des Entoblastems die innere, sonst dem Entoblastem anliegende Wand der Seitenplatte mit Epidermis bedeckt wird, läßt sich diese innere Wandung, die Splanchnopleura, zur Extremitätenbildung veranlassen (NIEUWKOOP). Wie bei den Induktionen erster Ordnung (II, S. 145) richtet sich allerdings die genetische Konstitution

mitätenknospen. Daneben: Entwicklung der Zehen einer normalen Vorderextremität. a_3) Ergebnis nach 22 Tagen: Hinter der regulierten vorderen eine zusätzliche wirtsseitenrichtige Vorderextremität. b_1) Verpflanzung einer rechten Vorderbeinknospe im Sinne des gebogenen Pfeiles auf die linke Seite unter Verdrehung der Vorn-Hinten-Achse gegenüber dem Wirt (Hetpl. *ap.* dd. mm). b_2) Ergebnis nach 8 Tagen. b_3) 26 Tage nach Operation: Hinter der normalen linken Vorderextremität als Transplantat eine wirtsseitenverkehrte linke. c_1) Verpflanzung einer rechten Vorderbeinknospe im Sinne des gebogenen Pfeiles auf die linke Seite unter Verdrehung der Dorsoventralachse (Hetpl. aa *dv.* mm). c_2) Ergebnis 5 Tage nach Operation. c_3) 24 Tage nach Operation: Die Verdrehung der Dorsoventralachse hat sich nicht ausgewirkt. Transplantat hat wirtsseitenrichtige linke Extremität gebildet. d_1) Verpflanzung des Mesoblastems einer linken Vorderbeinknospe im Stadium der verlängerten Schwanzknospe unter Verkehrung der Innenseite nach außen, so daß die Innen-Außen-Achse (und die Dorsoventralachse) verdreht sind (Hompl. aa. *dv. ml)* d_2) 5 Tage nach Operation. d_3) 20 Tage nach Operation: Die Verdrehung auch der Innen-Außen-Achse wirkt sich nicht aus. Transplantat bildet eine wirtsseitenrichtige linke Extremität. *a* anterior. *d* dorsal. *l* lateral. *m* medial. *p* posterior. *v* ventral. Achsenrichtungen von Transplantat zu Wirtskeim: *dd* dorsodorsal, *dv* dorsoventral usw. *hetpl.* heteropleural, seitenverändert. *hompl.* homopleural, seitengleich. *Tr* Transplantat. <—— Vornhintenachse. ↑ Dorsoventralachse. Punktierung: Gegenseite hinter der Zeichenebene.

nach der des Mesoblastems als dem Reaktionssystem. Dies geht auch aus dem Austausch von Ekto- bzw. Mesoblastem polydaktyler Hühnchenembryonen gegen entsprechende Schichten normaler Embryonen hervor (ZWILLING).

Die Invertierung der Dorsoventralachse ist bei *Amblystoma* im Stadium der Abb. 6 d_1 durch das Umdrehungsexperiment nur noch in 40 % der Fälle möglich, während entlang der Innen-Außen-Achse erst in der auswachsenden Knospe eine eindeutig gerichtete Struktur hervortritt. Diese Angaben gelten nur für den Axolotl. So sind die bei diesem im Stadium der verlängerten Schwanzknospe verwirklichten Verhältnisse im *Triturus*keim schon während des Neurulastadiums anzutreffen.

In die Extremitätenknospe wachsen bereits sehr früh Nerven ein. Durch diese Tatsache entsteht die Frage, wie weit die Differenzierung der Extremitäten durch die Anwesenheit der Nerven beeinflußt wird. HAMBURGER entfernte aus der geschlossenen Neurula des Grasfrosches eine Neuralrohrhälfte im Bereich des zukünftigen Lendenplexus und verhinderte dadurch jegliches Auswachsen von Nerven an dieser Seite (Abb. 7 a, c). Dennoch differenzierte sich die nervenlose Extremität bis in alle Einzelheiten des Skelets und der Muskulatur vollständig (Abb. 7 b). Lediglich war eine solche gelähmte Extremität gegenüber der normalen verkürzt und verschmälert, Störungen, welche dem Ausfall des durch Nerven bedingten Tonus, dem Fehlen der Funktion und einem Mangel in der Ernährung der Extremität zuzuschreiben sind. Es bildet sich ohne jede leistungsmäßige Beanspruchung die „funktionelle Struktur“ (vgl. S. 147, Bd. I) aus. Während der Embryonalentwicklung zählt die Funktion nur insofern zu den formbildenden Faktoren, als sie auf Grund eines autonom ablaufenden Formbildungsgeschehens wie jeder andere Außenfaktor eine modifikatorische Abänderung bedingen kann.

Besondere Probleme für den Aufbau des Musters peripherer Nerven wirft der Zusammenhang der Sinnes- und Bewegungsorgane der Körperperipherie mit dem Zentral-Nervensystem auf. Das Nervenmuster ist in Hinsicht auf seine motorischen und sensiblen Anteile zu besprechen. Die Lokali-

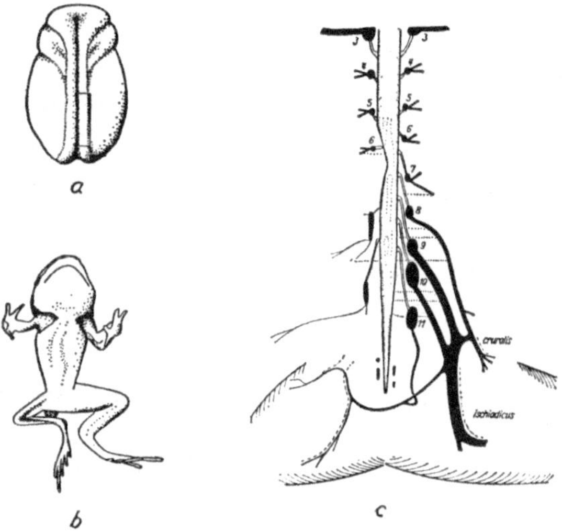

Abb. 7. *Rana* (Grasfrosch). Differenzierung nervenloser Hinterextremität (nach HAMBURGER 1927)
a) Operationsstadium, Dorsalseite. Entfernung eines Stückes rechter Neuralrohrhälfte. b) Ergebnis nach der Metamorphose. Ventralseite. Rechtes Bein hochgradig atroph, steif, verkürzt; aber Schenkel und 5 Zehen normal proportioniert und nicht mißgebildet. Linkes Bein Kontrolle. c) Rückenmark und Beinnerven des gleichen Tieres, ventral. Von der rechten Rückenmarkshälfte ziehen keine Nerven ins rechte Bein; aber vom linken Plexus her ist ein dünner Nervenast in dessen Oberschenkel eingedrungen

sierung der letzteren berührt sich wiederum eng mit der Anordnungsweise von Abkömmlingen der *Neuralleiste.* Während bei der Entstehung der motorischen Nerven lediglich gerichtete Wachstumsprozesse der Nervenfortsätze zu berücksichtigen sind, handelt es sich bei allen Abkömmlingen der Neuralleiste um *Aussonderungs-, Bewegungs- und Vereinigungsvorgänge von Einzelzellen in einem Organsystem.*

Die Neuralleiste entsteht aus Zellen der Neuralwülste. Nach Verschluß des Neuralrohres liegt diese Leiste an seiner Dorsalseite (Abb. 8 a, b). Ihre Zellen lösen sich aus dem Verband des Neuralrohres und wandern rechts und links von ihm ventralwärts. Sie treffen dabei auch auf Mesenchymzellen anderer Herkunft, z. B. auf solche der Ursegmente, die sich zur Bildung

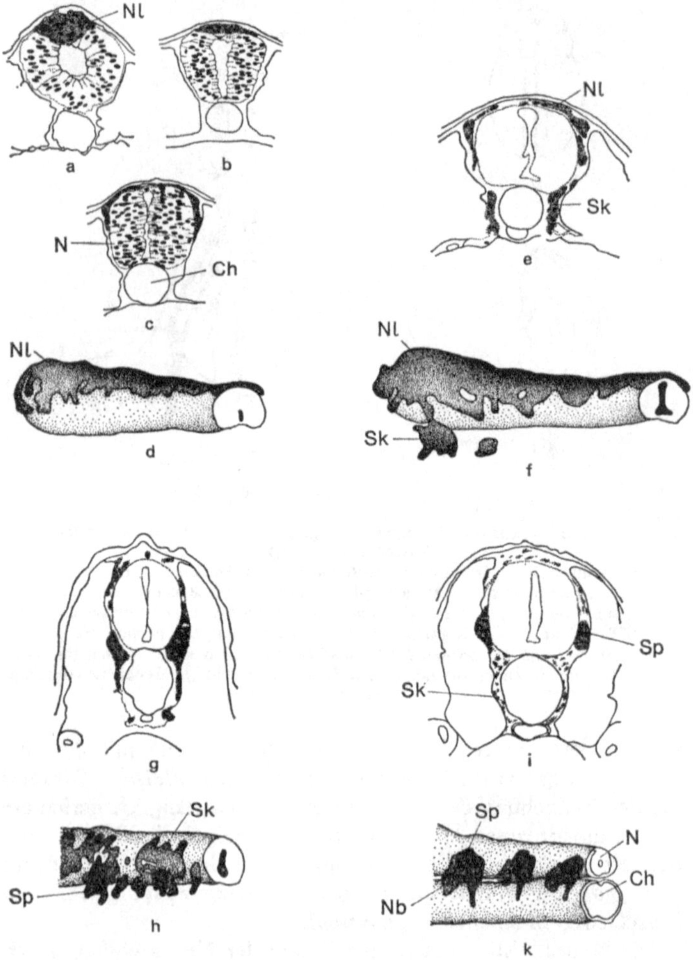

Abb. 8. *Amblystoma* (Axolotl). Entwicklung der Neuralleiste (nach DETWILER 1937 aus HÖRSTADIUS 1950)

a–c) Querschnitte von Neuralrohr und Chorda in Höhe des 3. Segments der HARRISONstadien 22, 26, 29. d) Neuralleiste (dunkel) über dem Neuralrohr vom 2.–7. Segment, Stadium 29, in Wanderung ventralwärts. Rekonstruktion. e, f) Stadium 31. e) Querschnitt. f) Neuralleiste erreicht vorn das Sklerotom. g, h)

der Wirbelkörper um die Chorda legen (Abb. 8 h, i, Sk). Neben der Ventralseite des Neuralrohres ballen sich Neuralleistenzellen zu Spinalganglien zusammen (Sp). Abgesehen von diesen und den Gehirnganglien werden von der Neuralleiste die Ganglien des Sympathicus, die Scheidenzellen der peripheren Nerven, enchymales Ektomesoblastem zum Aufbau von Knorpelbögen des Visceralschädels, Dentinbildner der Zähne, Füllgewebe für den dorsalen Flossensaum und Pigmentbildungszellen geliefert.

Auf Grund welcher Faktoren die einzelnen Neuralleistenzellen sich innerhalb oder außerhalb der Leiste sondern, ihren besonderen Weg antreten, nahe oder ferner der Leiste sich sammeln, muß jeweils im einzelnen klarzustellen versucht werden. Es ist sehr wenig darüber bekannt. Man darf vermuten, daß bei der endgültigen Lokalisierung positive Chemotaxis zu den Organfeldern, wie II, S. 89 ff. von den Mesenchymzellen der Echinodermengastrula geschildert, mit im Spiele ist, wobei allerdings die Eigenschaften sowohl der Zellen des Versammlungsortes, wie auch diejenigen der wandernden Zellen zu berücksichtigen sind.

So können bei Amphibien Melanoblasten aus gattungsfremd implantierten Neuralleistenzellen (z. B. von *Hyla arborea*) ein Pigment*muster* aufbauen, das völlig dem des neuen Wirtes (*Rana esculenta*) gleicht. Bei Transplantationen von Neuralleistenmaterial innerhalb der Gattungsgrenzen *(Triturus torosus* in *T. rivularis),* bei denen Ansammlungs- und Ausfärbungsorte weniger unterschieden sind, vermag sich auch die genetische Konstitution der verpflanzten Melanoblasten selbst unabhängig vom Wirt im entstehenden Verteilungsmuster durchzusetzen (TWITTY, ANDRES).

Die *Verteilung der Spinalganglien* richtet sich nach der Anordnung der Ursegmente (DETWILER). Ersetzt man, wie in Abb. 9, im Schwanzknospenstadium von *Amblystoma* die relativ großen vorderen Ursegmente 3, 4, 5 linksseitig durch die

Stadium 37. g) Querschnitt. h) Konzentrierung und Segmentierung von Spinalganglien und Knorpelanlagen (Sklerotom). i, k) Stadium 43. i) Querschnitt. Spinalganglien neben dem Neuralrohr. k) Spinalganglien und knorpelige Neuralbogen mit Neuralrohr und Chorda.

Ch Chorda, *N* Neuralrohr, *Nb* Neuralbogen, *Nl* Neuralleiste, *Sk* Sklerotom, *Sp* Spinalganglion

kleineren (7), (8), (9), (10) aus weiter hinten liegender Region des Embryos, so sind entsprechend der vergrößerten Anzahl der Ursegmente auch die Spinalganglien der linken Seite vermehrt (Abb. 9b). – Werden Ursegmente extirpiert, wie in Abb. 9c rechtsseitig 2, 3, 4, 5, so bilden sich dort unregelmäßig geformte und nicht geordnete Spinalganglien.

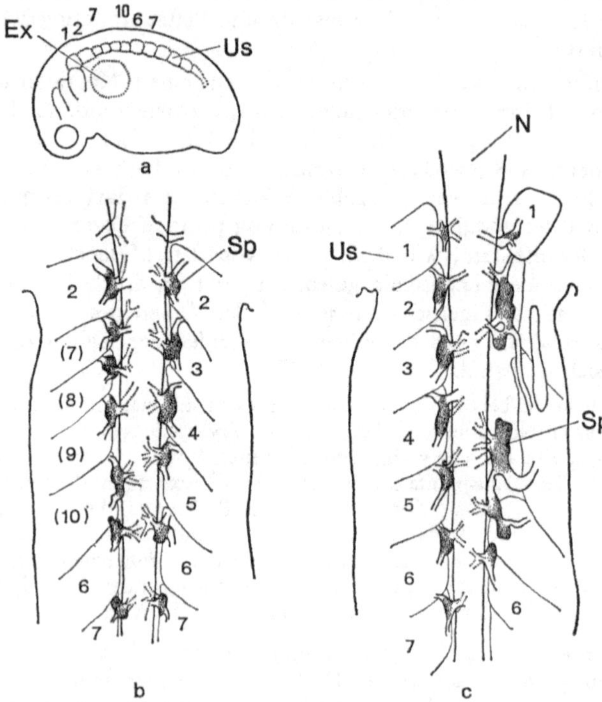

Abb. 9. *Amblystoma* (Axolotl). Einfluß der Ursegmentgliederung auf die Gliederung der Spinalganglien (DETWILER 1936, verändert)
a) Operationsskizze. Einpflanzung der hinteren kürzeren Ursegmente 7–10 anstelle der vorderen längeren 3–5. b) Entsprechende Anordnung und Vermehrung der Spinalganglien linksseitig. c) In einem anderen Experiment: Rechtsseitig unvollständige Segmentierung der Spinalganglien auf Grund der Exzision der Ursegmente 2–5 dieser Seite im Stadium a). Rekonstruktion von der Dorsalseite des Embryos. Ziffern: Aufeinanderfolge der Ursegmente; dunkel: Spinalganglien.
Ex Extremitätenknospe, *N* Neuralrohr, *Sp* Spinalganglion. *Us* Ursegment

Für die vom Rückenmark auswachsenden Fasern interessieren *Faktoren zur Musterbildung peripherer Nerven.* Diese Nerven enthalten sowohl sensible Fasern mit Kernen in den Spinalganglien, wie auch motorische Fasern, deren Zellkörper und Kerne sich in den Vorderhornregionen des Rückenmarks befinden. Die peripheren Nerven wachsen zunächst, wie sich im Explantat zeigen läßt (HARRISON), autonom aus den Ganglienzellen aus. Bei der unmittelbaren Nachbarschaft zwischen Neuralrohr und Ursegmenten finden sie ohne weiteres den Weg zu diesen und gelangen mit der von hier auswachsenden Muskulatur z. B. in die Extremitätenanlage.

Zwischen den peripheren Organen und dem Zentralnervensystem bestehen entwicklungsphysiologische Beziehungen verschiedener Art. Sie äußern sich quantitativ und qualitativ.

Unmittelbare *quantitative Beziehungen* zwischen peripheren Organen und Rückenmark sind sehr gut an den Spinalganglien abzulesen. Sie bleiben kleiner gegenüber der Norm, wenn eine Extremität extirpiert wird; sie vergrößern sich, falls man eine Extremität in eine Rückenmarksregion verpflanzt, welche sich bisher nicht durch eine Plexusbildung auszeichnete. Die motorische Vorderhornregion des Rückenmarks reagiert ebenso mit Reduktion auf Entfernung einer zugehörigen Extremitätenknospe, während Implantation einer zusätzlichen Knospe im motorischen Gebiet sich weniger deutlich ausprägt.

Qualitative Beziehungen äußerten sich im jeweiligen Muster der peripheren Nerven. Verschiebt man im Schwanzknospenstadium vor dem Auswachsen der Nerven die Knospe der Vorderextremität aus dem 3. bis 5. Ursegment (Abb. 10 a–c) nach hinten ins 9. bis 11. (Abb. 10 f) oder nach vorn in die Kiemenregion (Abb. 10 d), so werden diese nicht von den nächst benachbarten, sondern nach Möglichkeit von den normalerweise zugehörigen Segmenten innerviert (DETWILER). Dadurch kommt allerdings entwicklungsphysiologisch nicht allein ein spezifisch auf Extremitäten abgestimmtes Verhalten des Brachialplexus zum Ausdruck. Eine nach Extirpierung der Extremität vier Segmente weiter hinten eingepflanzte Augenblase mit Riechplakode ruft die gleiche Musterbildung hervor. Offenbar

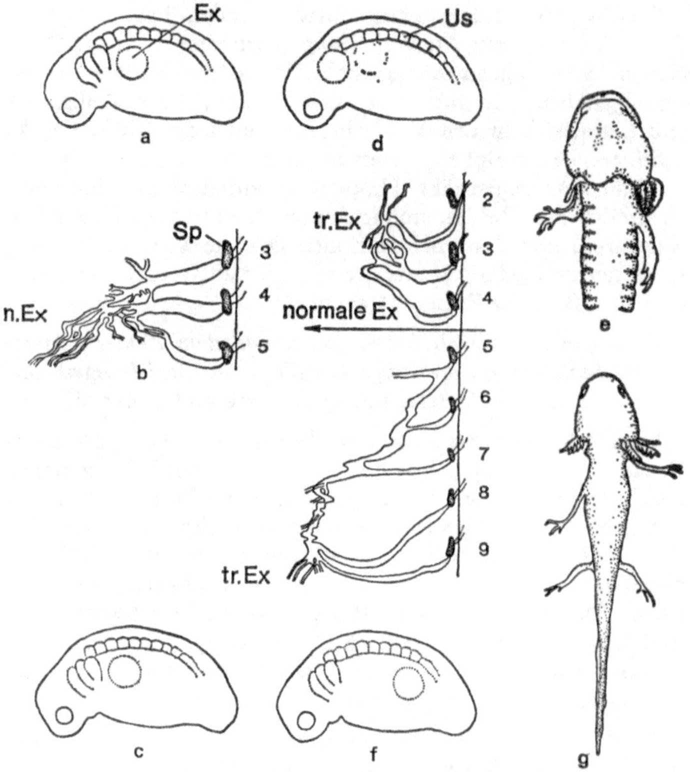

Abb. 10. *Amblystoma* (Axolotl). Ablenkung des Nervenplexus von Extremitäten nach der Richtung ihrer Verpflanzung (nach DETWILER 1936, verändert)

a, c) Skizzen vom normalen Schwanzknospenstadium zur Lage der Vorderextremitätenknospe. b) Brachialplexus einer normalen linken Vorderextremität im Muskelsegment 3–5. d) Operationsskizze zur Verschiebung der linken Extremitätenknospe nach vorn. e) Larvenstadium nach Operation rechter Vorderextremität (im Bild links) (Ventralseite!). Links daneben: Ablenkung des Brachialnervenplexus in Richtung der von Segment 5 in die Kiemenregion nach Segment 1 verpflanzten linken Vorderextremität. f) Operationsskizze zur Verschiebung der Extremitätenknospe nach hinten. g) Larvenstadium nach entsprechender Operation (Dorsalseite!). Links daneben: Ablenkung des Brachialnervenplexus in Richtung in die rückwärts von Segment 5 nach Segment 9–11 transplantierte Vorderextremität

Ex Extremitätenknospe (*n* = normale, *tr* = transplantierte Lage), *Sp* Spinalganglien, *Us* Ursegment

vermögen entwicklungsphysiologisch sehr aktive Implantate auswachsende periphere Nerven an sich heranzuziehen. Auch ist beobachtet, daß die in Frage kommenden Nerven beim Einwachsen gern Leitlinien, wie etwa Gefäßbahnen benutzen und so manchmal zu entnervten Organen der gegenüberliegenden Seite hinfinden (Abb. 7c). Allgemein scheint eine durch die Aktivitäts- oder Wachstumszentren hervorgerufene Brücke gerichteter Strukturen im Grundgewebe (wie S. 36) das Auswachsen von peripheren Nerven bahnen und fördern zu können.

Die Herstellung einer Verbindung vom Zentrum zur Peripherie allein genügt jedoch nicht, um für das periphere Organ auch die Funktion zu gewährleisten. Eine in beliebige Rumpfregion transplantierte Extremität kann nur dann sinnvoll funktionieren, wenn mindestens einer ihrer Nervenäste sich aus der normalen Extremitätenregion des Zentralnervensystems herleitet. Das von Rumpfnerven gebildete Nervenmuster führt nicht die auf die Bedürfnisse der Extremität abgestimmten betriebsphysiologischen Impulse. Die Spezifizierung der Thorax- und Rumpfregion auf die Funktion der Vorder- und Hinterextremitäten erfolgt zwischen Neurula- und Schwanzknospenstadium (vgl. S. 22). Im Neurulastadium lassen sich vordere Teile nach hinten verpflanzen und umgekehrt, ohne daß die Funktion der später auswachsenden Extremitäten Schaden leidet. Im Schwanzknospenstadium ist eine solche Verpflanzung von Neuralrohrteilen ohne Behinderung der Extremitätenfunktion nicht mehr möglich.

Entwicklungsphysiologische Experimente, in denen an den Organanlagen regionsspezifische Veränderungen vorgenommen werden, sind nach allem nicht nur allein für die Analyse der Entwicklungsfaktoren dieser Anlagen und ihre gegenseitigen Beziehungen aufschlußreich, sondern sie fördern gleichzeitig die **Funktionsanalyse der Organe.** Man wird die Vollkommenheit einer morphologischen Regulation von Organen nicht nur nach ihren Entwicklungsfunktionen, sondern ebensosehr nach ihrer Betriebsfunktion beurteilen. Bei der Herzregulation wird man den Herzschlag, bei Experimenten an Extremitäten den Ablauf der Schreitbewegungen beobachten. Vollkommenheit der Funktion gilt hier als ein Kriterium der Ganzheit. Umgekehrt ist es für die Analyse der Betriebsfunktion sehr wesentlich, zu wissen, durch welche Art Ganzheit sie noch ermöglicht wird (P. WEISS, RENSCH).

Wenn man bei diesen Experimenten die Funktionsfähigkeit der peripheren Organe genauestens beobachtet, so erschließen sich noch engere Bindungen zwischen Zentrum und Peripherie, als sie für Rückenmarksabschnitte und Funktionsbefähigung von Vorder- bzw. Hinterextremitäten geschildert wurden. Wie Untersuchungen am *Sehzentrum des Mittelhirns (Tectum opticum)* der Amphibien und besonders der Fische erkennen lassen, ist ihre Funktionsfähigkeit an eine ganz spezielle Verbindung bestimmter Areale der Retina mit solchen des Tectum opticum gebunden. Die niederen Wirbeltiere bieten sich für solche Untersuchungen besonders an, weil ihre afferenten Nerventrakte auch beim Erwachsenen noch zu regenerieren vermögen (SPERRY). Nach Trennung des Tectum opticum vom Auge kann sich das normale Sehvermögen wieder herstellen. Wird Durchschneidung des Sehnerven mit einer Rotation des Augapfels um 90° oder 180° verbunden, so sind nach der Regeneration des Sehnerven, die ihn mit den ursprünglichen Tectum-Regionen verbindet, die Bewegungen des Tieres entsprechend mißgeleitet. Daß die sehr spezifizierten Verbindungen zwischen Tectum opticum und Retina sich starr ohne funktionsbedingte Regulation wieder herstellen, geht auch aus dem Studium über die Regeneration von Sehnerven bestimmter Retina-Abschnitte hervor. Die Nerven stellen, wie nachträgliche Versilberung der Fasern nach BODIAN ausweist, trotz beliebiger experimenteller Abänderung der Wege immer die ursprüngliche, ontogenetisch normale Verbindung von bestimmten Retinaabschnitten mit den ihnen zugehörigen Tectum-Bezirken wieder her. Im einfachsten Falle entfernte man etwa die ganze dorsale Hälfte der Retina und durchschnitt den Sehnerv. Dann regenerierten die Nervenfasern der ventralen Retinahälfte. Dabei bedeckten sie das Tectum opticum zur Hälfte, und zwar, wie nach dem normalen Faserverlauf vorauszusehen, allein die obere, dorsale, Opticusfaserschicht des Tectums.

Nach dem hierdurch bestätigten Konzept der „*Neuronalen Spezifität*" geschieht die Bildung und Aufrechterhaltung der synaptischen Verbindungen mit großer Selektivität. Der ganze Prozeß wird durch sehr verfeinerte chemische Aktivitäten zwischen den Neuronenindividuen der Sinnesorgane und des Zentrums, dem Neuropil und den anderen synaptischen Zonen reguliert (SPERRY). Über die Natur solcher chemischer Agentien sowie der spezifischen Kontaktnahme der Zellmembranen ist allerdings kaum etwas bekannt.

Ein Protein, das bei in vitro-Kulturen das Auswachsen von Nervenfasern aus embryonalen sensiblen und sympathischen Ganglien begünstigt, konnte aus Maus-Tumor-Zellen, aus Maus-Submaxillardrüse und auch aus Schlangengift gewonnen werden (R. LEVI-MONTALCINI und HAMBURGER). Die Wirkung dieses *Nerven-Wachstumsfaktors (NGF)* wird durch Actinomycin D, nicht jedoch durch Puromycin unterbunden. So greift der Faktor offenbar irgendwie auf der Transcriptionsebene in die Proteinproduktion ein. Ein vergleichbarer, von COHEN ebenfalls aus Maus-Speicheldrüsen gewonnener *Faktor (EGF) fördert* selektiv *das Wachstum von Epithelzellen.* Beide Faktoren sind in ihrer Wirkung mit derjenigen von Induktoren bzw. Hormonen zu vergleichen.

b) Zytodifferenzierung im Organverband

Aussagen über die *Reaktionsmöglichkeiten einer Zelle innerhalb eines bereits voll ausdifferenzierten Organverbandes* sind begründet nur dann möglich, wenn sie sich auf **Experimente zur Isolierung und Beeinflussung von Organzellen** stützen können. Schon lange Zeit, bevor HOLTFRETER die II, S. 129 ff. beschriebenen Isolierungen von Fragmenten aus Amphibienblastulae und -gastrulae durchführte, hatte man versucht, Teile von embryonalen und adulten Geweben zu isolieren und in vitro zu kultivieren. Die Methode für solche Explantationen geht wesentlich auf HARRISON und CARRELL zurück. Ersterer brachte in Froschlymphe Nerven aus Rückenmarksfragmenten zum Auswachsen (vgl. S. 31). Letzterem gelang es von 1912 ab, Fibroblasten aus dem Herzen 7 Tage alter Hühnchenembryonen

34 Jahre lang auf geronnenem Blutplasma, dem Salzlösung mit Embryonalextrakt zugefügt war, auf dem hohlgeschliffenen Objektträger im hängenden Tropfen bzw. in der Flaschenkultur am Leben zu erhalten (vgl. PARKER 1961 und II, Abb. 41).

Solche Zellkulturen aus Gewebefragmenten geben jedoch nicht unmittelbar ein zutreffendes Bild von dem Verhalten der Zellen in vivo am Entnahmeort. Aus dem mechanisch isolierten Gewebefragment des embryonalen Herzmuskels pflegen bei dieser Kulturmethode Fibroblasten (Abb. 11e) einzeln in peripherer Richtung auszutreten und ein Netzwerk von lokkeren, pseudopodienartig aneinanderhaftenden Zellen zu bilden. Ihre Wachstumsintensität ist im Explantat außerordentlich viel größer, als sie in vivo im wachsenden Bindegewebe gewesen wäre. Es gelang jedoch, mittels dieser künstlichen in vitro-Flächenkultur gewisse Anhaltspunkte für das Verhalten der Fibroblasten in vivo zu gewinnen und Einblick in die **„Funktionelle Struktur" des Bindegewebes** und ihren Aufbau zu erhalten. Man kann die Wachstumsrichtung der Fibroblasten unter Kontrolle bekommen. Zieht man eine Membran aus Blutplasma über einen Glasstab-Rahmen und läßt in ihr bei der Gerinnung Spannungen entstehen (P. WEISS, Abb. 11a–d), so ordnen sich die Makromoleküle des gerinnungsbedingenden Fibrins in die Spannungsrichtungen ein. Seine Fibrillen bilden in ihrer Gesamtheit Leitlinien für die auswachsenden Fibroblasten. Die Struktur des durch die Fibroblasten entstehenden Bindegewebes folgt den Leitlinien und tritt in der *Anordnung der Kollagen-Fibrillen* hervor, die sich in der von den Fibroblasten abgeschiedenen Grundsubstanz bilden. – Möglicherweise kann diese Entstehung der Leitlinien im Bindegewebe auch ein *Modell für die Trajektorienstruktur* der Knochen abgeben (vgl. I, S. 147), insofern als die Kristallisationsrichtung der Kalksalze durch die Anordnung kollagener Bindegewebsfibrillen bestimmt wird.

Aber nicht nur in bezug auf Bewegungsverhalten, Wachstumsgeschwindigkeit und -richtung unterscheiden sich die Fibroblasten in vitro von denen in vivo. Sind die Zellen aus dem intakten Gewebefragment ausgetreten, so pflegen sie – und das gilt in gleicher Weise für Haut-, Muskel- und Nervenzellen –

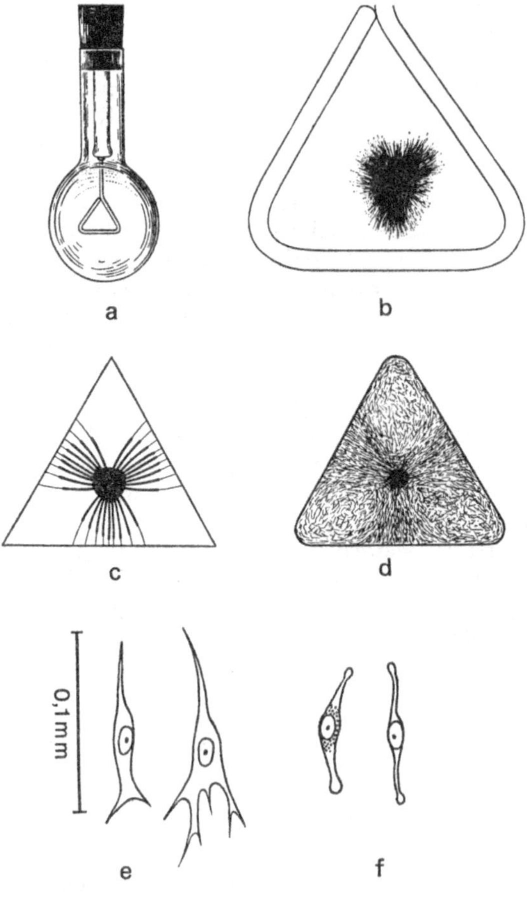

Abb. 11. *Gallus* (Huhn). Fibroblasten aus embryonalem Herz. Experimentelle Einleitung bestimmter Wachstumsrichtungen (nach P. WEISS 1928, 1929). Myoblasten in vitro (nach KONIGSBERG 1963) im Vergleich zu Fibroblasten (F. SEIDEL)
a) Kulturgefäß mit dreieckigem Glasrahmen. b) Auswachsen der Fibroblastenkultur auf der in den Rahmen gespannten Blutplasmamembran. Wachstumsrichtungen bevorzugt senkrecht zu den Dreiecksseiten. c) Schema des Verlaufs der Spannungsleitlinien in der eingespannten, in der Mitte durch das Gewebsfragment belasteten Membran. d) Schema der Anordnung der Kolloidteilchen in dieser Membran. e) Fibroblasten. f) Myoblasten

nur wenige Merkmale ihres Differenzierungsstatus zu behalten. Sie vollziehen dafür Anpassungen an die Art der Kultur, wobei manche Bildungen von Organellen, etwa Zilien und Myofibrillen, hauptsächlich aber alle interzellularen Ausdifferenzierungen, wie Bindegewebsfibrillen, Knorpel, Knochenhaut abhanden kommen. Gehört doch schon zur Kulturmethode, daß vor der Explantation z.B. Epithelzellen einer Trypsinierung unterworfen werden, um die Zellen bis zu einem gewissen Grade zu vereinzeln. Allen so dispergierten Zellen gehen die charakteristischen morphologischen Kennzeichen ihres Differenzierungszustandes verloren. Sie gleichen sich einander an, ja, verlieren gegenüber dem Normalen an Plasma- und Kernvolumen. Auf äußere Einflüsse hin reagieren sie mehr und mehr gleichförmig (P. WEISS und BEATRICE GARBER).

Oft ist gefragt worden, ob in diesen Abwandlungen Beiträge zum **Problem der Dedifferenzierung** im wahren Sinne des Wortes gesehen werden können. Wenn nicht nur morphologisch, sondern auch entwicklungsphysiologisch ein völlig indifferenter Zustand erreicht werden würde, müßte es möglich sein, eine Umdifferenzierung in neuer Richtung einzuleiten. Das ist bisher nicht geglückt. Vielmehr können bei Änderung der Bedingungen des Kulturmilieus manche verlorenen Kennzeichen oder Funktionen wiedererlangt werden. Dies gilt besonders für Fälle, in denen man solitär kultivierte Zellpopulationen neuerlich miteinander zu Gewebekomplexen vereinigt. Als EBELING und A. FISCHER einer zwei Monate alten Epithelkultur Fibroblasten aus 10 Jahre alter Kultur hinzufügten, bildeten sich in dem Epithelbereich Drüsentubuli aus, die sich mit kolloidaler Flüssigkeit füllten.

Zweierlei ist in diesem Zusammenhang festzuhalten: Einerseits muß man die Unzulänglichkeit jedes künstlichen Mediums in Betracht ziehen, wenn man über die Änderungen des Differenzierungszustandes in der Gewebekultur urteilen will. *Andererseits erfordert jede organologische Differenzierung eine Kulturmethode, die den Zusammenhalt aller Zellen in einem gestalteten Gebilde gewährleisten kann und damit eine Grundlage für Gewebs- und Organdifferenzierung abgibt* (vgl. PARKER 1961).

Eine Reihe von Verfahren ist ausgearbeitet, um trypsinbehandelte dissoziierte Gewebs- und Organzellen wieder zum Zusammenschluß zu bringen und ihnen die Möglichkeit zur Differenzierung zu geben. **Reaggregierung** ist im allgemeinen an eine jeweils bestimmte Minimalmenge von Blastem oder Gewebe gebunden (vgl. II, S. 164). Sie läßt sich am besten verwirklichen, wenn die Kultur in flüssigem Medium innerhalb ständig rotierender Flaschen durchgeführt wird. Dann spielen sich Zellwanderungen und Zellkontaktnahmen in der ganzen Kultur unter gleichbleibenden Bedingungen ab. Wie bei Blastemzellen (II, S. 177 f.) beruht auch hier der Kontakt auf der Bildung von bestimmten Proteinen für die Oberflächenstruktur. Jede Hemmung der Proteinbildung, etwa auf der Translationsebene durch Puromycin, verhindert die Kontaktnahme. Ca^{++}-Ionen sind dazu, ähnlich wie bei Furchungsblastomeren (HERBST I, S. 141), unentbehrlich. Für Warmblüterzellen bedarf es überdies einiger Serumproteine, Glukose und einer Temperatur von 38 °C. Zellen aus jungen Embryonen aggregieren schneller als solche aus älteren. Nach Erniedrigung der Temperatur auf 15 °C bleibt die Aggregierung aus (MOSCONA). Sind die Zellen aggregiert, so vermögen sie ihrer vorherigen Dissoziierung zum Trotz sich wieder organotypisch zu ordnen und Organdifferenzierungen etwa in Gestalt von Nierenkanälchen oder Haaren und Federn der Epidermis durchzuführen. Komplexe aus Zellen unterschiedlicher Organe, wie Nieren- und Knorpelzellen, entmischen sich dabei und gruppieren sich organotypisch. Entsprechend den Feststellungen an Blastemzellen (II, S. 177) nimmt auch hier die Organzugehörigkeit den Vorrang ein gegenüber der systematischen Herkunft, der Ordnungs- oder Klassenzugehörigkeit (Vögel, Mäuse). – Abweichend in dieser Hinsicht verhalten sich nur Zellen, die aus verschiedenen Arten von Spongien (Schwämmen) gewonnen sind. Bei ihrer Wiedervereinigung rangiert die Artzugehörigkeit vor der Gewebezugehörigkeit.

Aggregierung und *Dissoziierung* sind zwei Prinzipien, deren Bedingungen zu kennen, zu einem Verständnis sehr vieler Zellvorgänge in der Organentwicklung führen wird. Loslösung einzelner Zellen aus einem embryonalen Blastem, Wanderung im Embryo, Wiedervereinigung an bestimmten Bildungsorten wurde verschiedentlich bei der Entstehung der Keimzellen (I, S. 202), dem primären Mesenchym der Echinodermenblastula (II, S. 89 ff.), dem verwickelten Schicksal der Neuralleistenzellen der Wirbeltiere (S. 27 ff.), der Bildung des Herzens (S. 21) geschildert. Zusätzlich zu der Aufklärung des Aggregierungs- und Dissoziierungsvorgangs harren als besonders schwierige und in jedem Organismus gesondert anzugreifende Probleme das der zeitlichen Regelung der Dissoziierung, das der Wanderungsrichtungen und Leitlinien der Zellen und das der Organogenese am Versammlungsort organbildender Zellen der Aufklärung. Ein wichtiger Schritt auf diesem Wege war die zunächst methodisch zu bewältigende Kultivierung einer einzelnen isolierten Organzelle.

Den Pionieren der Zellkultur (A. CARRELL, A. FISCHER) war es nicht gelungen, aus einer Einzelzelle einen Klon von Zellen zu züchten, eine **klonale Analyse** durchzuführen. Die Einzelzelle ist nicht unbedingt den Unbilden sowohl der Präparationsmethode wie denen des Mediums gewachsen. Heute kann man jedoch mechanische Trennungsmethoden der Zellen aus einem Gewebe sehr schonend handhaben, ebenso enzymatische Isolierungen, wie die Behandlung eines Gewebes mit Trypsin in Ca^{++}- und Mg^{++}-freier Salzlösung. Wo man auf diese Weise nicht zum Ziel kommt, bringt man die Einzelzelle zunächst in ein durch die Zelltätigkeit selbst modifiziertes Medium (SANFORD, PARKER, EAGLE). Dies kann von dem Überstand einer größeren Zellkultur gewonnen werden. Auch die Methode der „feeder“ cells, Ernährerzellen, wird angewandt (PUCK und Mitarbeiter). Hierbei kultiviert man die Einzelzellen auf einer Lage von Zellen. Deren Vermehrungstätigkeit ist durch Röntgenbestrahlung ausgeschaltet. Sie befinden sich jedoch in aktiver Stoffwechseltätigkeit. In dieser Form dienen sie der Einzelzelle bis zu dem Zustand, in dem diese sich auch in weniger zusagendem Medium selbst aufrecht erhalten kann. Demnach bedarf die Blastem- oder Gewebezelle zur Ausübung ihrer Lebensfunktion über den Zusatz eines allgemeinen Embryonalextraktes zu Blutplasma und Salzlösung hinaus der Förderung durch ein ihr sehr genau angepaßtes Stoffwechselmedium.

Von Erfolg begleitet waren solche klonalen Kulturen z.B. bei der Explantation von quergestreiften Muskelzellen aus Extremitäten von Hühnchen-Embryonen (KONIGSBERG). Im allgemeinen finden sich nach der Zellentnahme neben den zylinderförmig bipolar geformten Myoblasten (Abb. 11 f) zunächst noch Fibroblasten (e), deren flacher Zellkörper amöboide Umrisse besitzt. Wenn man aus solchen Mischkulturen ein angepaßtes Medium erhalten hat, gelingt die Monokultur nunmehr isolierter einzelner Myoblasten. Eine Einzelzelle bedarf etwa 4–5 Tage lang für die Phase der Teilungsvorgänge des angepaßten Mediums. Wie sich im weiteren Verlauf der Untersuchung zeigte, wird der entscheidende Anteil angepaßten Mediums durch Abscheidung von Kollagen durch die Fibroblasten dargestellt. Es bildet in entsprechenden Kulturen einen dünnen Überzug über dem Boden der Petrischale. Ein Kollagenfilm, von Rattenschwanzsehne, Rinderhufen, Karpfen-Schwimmblase gewonnen, hat gleiche Wirkung (HAUSCHKE und KONIGSBERG). Gelatine, eine denaturierte Form von Kollagen, ist genau so effektiv wie Kollagen selbst. Eine klare molekularbiologische Einsicht in den Mechanismus für die Kollagen/Myoblast-Interaktion steht noch aus. Immerhin lassen die Ergebnisse erwarten, daß *Stoffe der interzellulären Grundsubstanz für die Vermehrung der Organzellen von Bedeutung* sind.

Erst nach der Vermehrungsphase der Myoblasten setzt die Zytodifferenzierung ein. Durch Zellverschmelzung werden die Myoblasten vielkernig (LASH, HOLTZER, SWIFT). Es entstehen zunächst kleine Kolonien von etwa 50 solcher vielkerniger Zellen. Sie differenzieren sich in diesem Verbande zu faserartig in die Länge gestreckten, miteinander verflochtenen Zellen und erlangen in diesem Zustand die Querstreifung der embryonalen Muskelzelle.

Mit der Möglichkeit, Klone von Zellen herzustellen, war eine Voraussetzung dafür geschaffen, um nun planmäßig in der Explantation Zellformen miteinander zu konfrontieren und so **Interaktionen** herauszufordern. Sie ließen sich in GROBSTEINS Experimenten verwirklichen. Objekt waren die Speicheldrüsen vom Embryo der Maus, z.B. an der am 13. Tage hervortretenden Submaxillardrüse. Wie Abb. 12 erkennen läßt, sind bei den Speicheldrüsen die epithelialen (ektoblastemalen) Drüsenkanäle in enchymatisches Mesoblastem (Mesenchym) eingebettet und von einer Bindegewebskapsel umschlossen. Nach 3- bis 5minütiger Behandlung mit 3%igem Trypsin in Ca^{++}- und Mg^{++}-freiem Medium kann man beide Anteile mechanisch voneinander trennen. Im Explantat isoliert, bringen es die Gewebe zu typischem Epithel- bzw. Fibroblastenwachstum. Drüsenkanälchen differenzieren sich im Epithelbereich nicht. Fügt man jedoch beide Anteile in der Kultur zueinander, so legen sich die Mesenchymzellen um die Epithelzellen herum, und diese bilden nun Drüsenläppchen aus. Der Effekt ist in diesem Fall streng organgebunden. Mesenchym der Ursegmente, Seitenplatten oder etwa der Lunge bleiben wirkungslos.

Wie weit sich *von diesen Blastem- und Gewebe-Interaktionen aus Beziehungen zu den Induktionsvorgängen oder* auch den Bd. II, Abb. 45 dargestellten *polarisierenden Einflüssen* herstellen lassen, muß bei jedem Fall einzeln geklärt werden. Nach einer Zelldissoziierung von Epidermis-, Neuralrohr- und Mesenchymzellen der Neuralleiste ordnen sich die Epidermiszellen über den Mesenchymzellen als außenliegende Schicht an; die Neuralrohrzellen formen ein zentrales Rohr (II, Abb. 47b). Ohne Mesenchym dagegen entbehren die Neuralrohrzellen der organotypischen Ordnung (II, Abb. 45 a und S. 176). In Übereinstimmung damit konnte GROBSTEIN zeigen, daß Säugerepidermis im Explantat unter dem Einfluß von Mesenchym in typischer Weise eine Basalschicht ausbildet und von dieser aus Keratin produziert.

GROBSTEIN ging in der Folge zu Untersuchungen am Pankreas über. Bei der Beurteilung der Zytodifferenzierung dieses Organs können *nicht nur morphologische, sondern auch physiologische und biochemische Kriterien* verwandt werden, *z.B.*

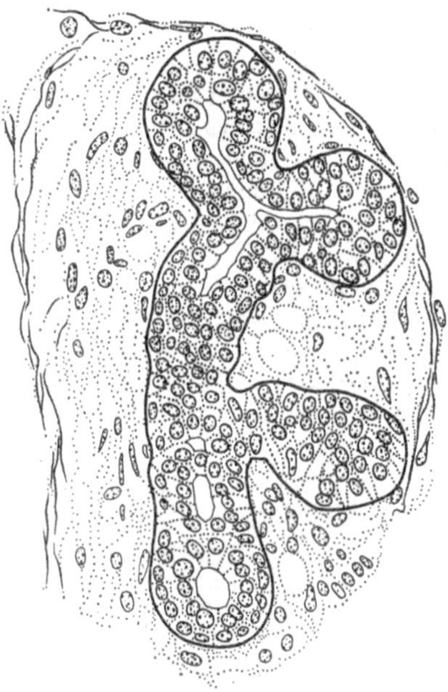

Abb. 12. *Homo*, Schnitt durch embryonale Speicheldrüse (Submaxillaris). Endästchen mit umgebenden bindegewebigen Teilen (nach HEIDENHAIN 1923)

Unten basales Ende, Drüsengang-lumen quergeschnitten. Darüber rechtsgerichtet, laterale Knospe, tangential angeschnitten. Oben zwei neu entstehende Endästchen, die aus dichotomer Teilung der Scheitelknospe hervorgegangen sind. Das umlagernde Bindegewebe wird von einer bindegewebigen Haut (Kapsel) umschlossen, welche das Drüsenläppchen begrenzt

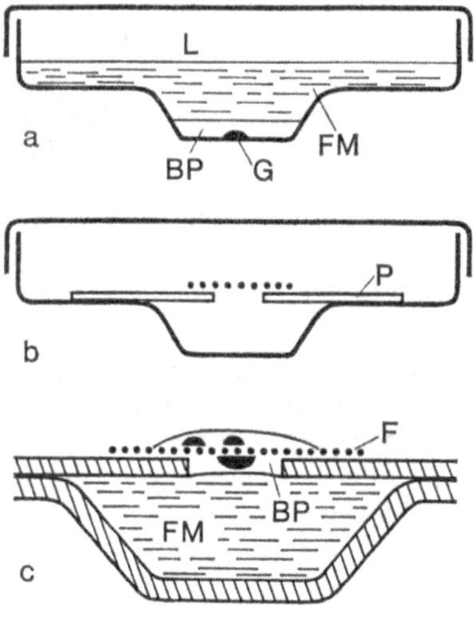

Abb. 13. a) Methode der Kultur von Gewebe (G) auf Glas unter Blutplasma-Koagulum (AUERBACH, R. 1960), verändert). b, c) Methode zum Studium der Gewebe-Interaktion beiderseits eines porösen Membranfilters; unten: Mesenchym, oben: Epithel. b) Übersicht. c) Vergrößerte Darstellung (nach GROBSTEIN 1955 und AUERBACH 1960, verändert)

BP = Blutplasma-Koagulum (0,1 ml): Blutplasma + flüssiges Medium 1:1. *FM* = flüssiges Medium (1 ml): Hühnchen-Embryonalextrakt, Pferde-Serum, Tyrode-Lösung 1:2:2. Penicillin, Streptomycin, Mycostatin. *L* = Luft mit 5 % CO_2, 93 % Feuchtigkeit. *P* = durchbohrte Plexiglasplatte. *F* = poröses Membranfilter

die Ausbildung und Funktion von Enzymen und Hormonen. Das erste Pankreas-Diverticulum formt sich von der dorsalen Darmwand der Maus zwischen dem 9. und 10. Tage (Abb. 14). Beginnt man am 11. Tage mit der Kultur eines Drüsenläppchens in vitro (vgl. Abb. 14 a, b), so findet man parallel zur morphologischen Differenzierung (Abb. 14 oben) elektronenoptisch vom 13. Tage an mit eintägigem Abstand nacheinander in den Epithelzellen Ribosomen-Aggregate, ER-Zisternen, Prozymogen-Granula (Enzymvorstufen). Bereits beim Erscheinen der ER-Zisternen ist die Amylase-Aktivität entsprechend der Kurvendarstellung Abb. 14 auf das 100fache der Anfangsaktivität gewachsen. Gelegentlich treten Zellpakete als Anlagen der LANGERHANSschen Inseln, Bildungsorte für Insulin und Glykogen, auf.

Pankreaseepithel ist in vitro in seiner Differenzierung genau so von gleichzeitig anwesendem Mesenchym abhängig wie das Epithel der Submaxillardrüse. Dies gilt im übrigen auch für das Epithel der Thyroidea, der Niere, der Haut und des Thymus, nur daß beim Pankreasepithel nicht allein das zugehörige, sondern jedwedes Mesenchym ein zugefügtes Epithel induzieren und in ihm die Differenzierung auslösen kann.

Mesenchym läßt sich ersetzen durch ein Medium, das Tyrodelösung und 20%igen Hühnchen-Embryonalextrakt 1 : 1 enthält. Die Zymogen-Granula-Produktion bleibt dabei im ganzen etwas geringer. Der folgende Versuch bestätigt dieses: Man kann für die im induzierten Epithel entstehende Aktivität ein Maß gewinnen, wenn man während der Induktion mit ^{3}H-Thymidin inkubiert. Der Einbau in die DNS, der in der S-Phase des Mitosezyklus der Epithelzellen geschieht und die *induzierte Aktivität* anzeigt, *ist beim Embryonalextrakt als Induktor fast ebenso stark wie beim Mesenchym.*

Um genauere Aufschlüsse über den *Ablauf der Zellinteraktion* zu erhalten, legte GROBSTEIN mittels der Versuchsanordnung der Abb. 13 b ein *poröses Membranfilter von 20 μm Stärke zwischen Mesenchym und Epithel.* Beide Gewebe werden dabei je in Blutplasma-Koagulat eingeschlossen und stehen mit dem flüssigen Medium in Verbindung. Unter diesen Umständen vermag der *Induktionsvorgang vom untenliegenden Mesenchym*

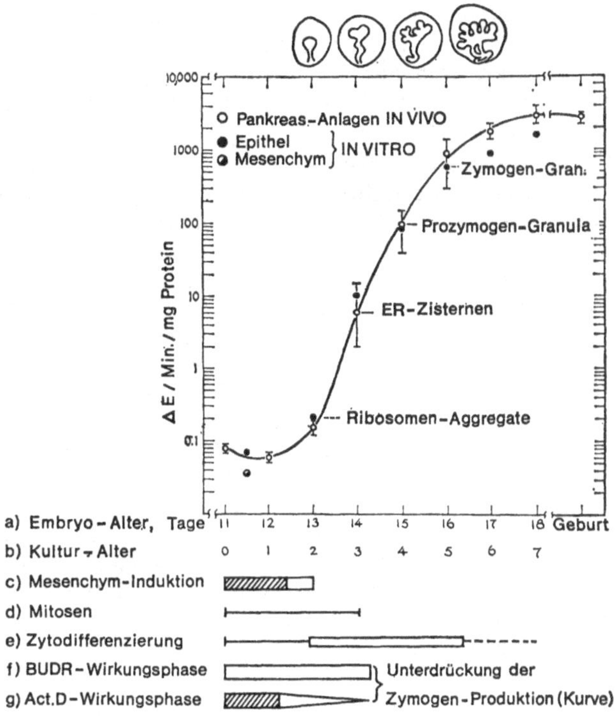

Abb. 14. *Mus* (Maus). **Graphische Darstellung der** Amylase-Aktivität und der jeweils entsprechend der Kurvenhöhe auftretenden Ultrastrukturen und Zymogenprodukte in den sich entwickelnden *Pankreas*geweben in vivo und in vitro. Über dem Kurvenbild zum morphologischen Vergleich der täglichen Differenzierung Drüsenacini der Submaxillardrüse von der Maus in vitro nach BORGHESE 1950.

Ordinate: Amylase-Aktivität gemäß Extinktionsänderung/Min./mg Protein. Abszissen: a) Alter des Embryo in Tagen. b) Kulturabschnitt. c) Mesenchymale Drüseninduktion, notwendige Dauer schraffiert. d) Induktion von Mitosentätigkeit. e) Induzierte Zytodifferenzierung, mit chemischer (einfacher ausgezogener Strich) und struktureller (Doppelstrich) Phase (*covert*- und *overt*-Phase = Determination und Differenzierung). f, g) Sensible Perioden für Unterdrückung der Zymogenproduktion durch Basenanaloga (f) und Antibiotika (g)

(Zusammengestellt nach Untersuchungen von GROBSTEIN 1964 und WESSELS 1964)

in Richtung auf das obenliegende Epithel ungestört zu verlaufen. Schon in den ersten Tagen der Explantation wächst das Blastem außerordentlich. Es nimmt an Größe, Proteinmenge sowie Zellenzahl zu und zeigt beim Differenzierungsablauf die in Abb. 14 angegebenen Merkmale.

Wie die Interaktionsversuche durch Filter hindurch zeigen, ist ein durch Zellen vermittelter Kontakt nicht vorhanden. Das *aktivierende Prinzip* wird durch großmolekulares Material übertragen. Es ist Trypsin-empfindlich und bewegt sich unter physiologischen Bedingungen nur langsam. Nach den Untersuchungen von KALMAN und GROBSTEIN gelangt während der Mesenchym/Pankreasepithel-Interaktion vom Mesenchym aus *Kollagen-Material* durch die Poren des Membranfilters hindurch und lagert sich ab auf der Seite des Epithels, die dem Mesenchym zugewandt ist. Die Mesenchym-Herkunft kann durch Inkubierung des Mesenchyms mit ^{3}H-Prolin gesichert werden. Anwendung von Kollagenase verhindert die Bildung von Drüsenläppchen im Epithel. So dürfte die Kollagenablagerung einen primären Vorgang in der Abfolge der Induktionsreaktionen darstellen. Über diese selbst und ihren Angriffspunkt am Epithel kann man sich noch kein Bild machen. Auch eine Beziehung zu der Rolle des Kollagens im sog. angepaßten Medium (S. 41) und dementsprechend zum Prozeß der reinen Zellvermehrung ist noch nicht sichtbar.

Experimente mit Membranfiltern unterschiedlicher Porenweite, die sich allerdings nicht auf das Pankreas, sondern auf Nierentubuli in Nierenmesenchym beziehen, führen weiter. Sie sollen hier eingeschaltet werden. In diesem Fall ist *nicht*, wie beim Pankreas, *Epithel, sondern Mesenchym das Reaktionssystem.* Normalerweise knospen Nachnieren-Kanälchen aus dem Ureter, der sich wiederum vom Urnierengang herleitet. Diese *Nachnierenkanälchen können in Nierenmesenchym Nierenkanälchen hervorrufen.* Die gleiche Induktion vermag Chordagewebe zu leisten (GROBSTEIN). *Unter dem Einfluß der Chorda,* insbesondere ihrer dorsalen Hälfte, *entstehen in metanephrogenem Mesenchym Nierenkanälchen.* Der Effekt tritt an der trennenden Filterwand um so deutlicher hervor, je poröser das

Membranfilter ist. In den Filterporen von etwa 4,5 μm Durchmesser läßt sich Alkohol-Formol-präzipitierbares und Trypsinlösliches, also anscheinend proteinreiches Material (ein Glykoprotein?) feststellen. Es kann eine Dicke der Filterwand bis zu 30 μm überbrücken. Ganze Zellen vermögen durch diese Art Filter nicht hindurchzudringen. Die Feststellungen am Nierengewebe sprechen wie die am Pankreas gemachten dafür, daß dem *Material der interzellulären Grundsubstanz der Gewebe entscheidender Anteil am Induktionsvorgang* zukommt. Die Art des induzierenden Materials wird natürlich bei den verglichenen Induktionsprozessen, hier Chorda → Nierenkanälchen, dort Mesenchym → Pankreas-Epithel sehr unterschiedlicher Natur sein.

Die weiteren Untersuchungen betreffen wieder die Pankreas-Drüse.

Um die *Bedeutung genetischer Bedingungen* für die Zymogenproduktion im Pankreas zu erfahren, wurden die Epithelien mit einer Reihe von *Basen-Analoga,* insbesondere 5-Bromodeoxyuridin (BUDR), zum Einbau in die DNS inkubiert. BUDR wurde in bestimmtem Zeitraum (Abb. 14 f) täglich dem Epithel-Explantat zugesetzt. Dann wurde zusammen mit Mesenchym als Induktor fünf Tage lang kultiviert. Zymogen-Granula-Produktion kommt in den Epithelien nicht in Gang, wenn die Inkubierung mit dem Basen-Analogon (f) noch in den ersten 48 Kulturstunden während der Proliferationsphase (d) beginnt. Von drei Kulturtagen ab kann die Zymogen-Produktion nicht mehr sistiert werden. – *Transcriptionshemmer* wirken in vergleichbarer Weise (Abb. 14 g). Actinomycin D beseitigt, in den ersten 24 Kulturstunden angewandt, die Amylase-Aktivität der Epithelzellen völlig. Aus der später nach Ablauf von drei Kulturtagen erfolgenden Unwirksamkeit des Actinomycin D kann geschlossen werden, daß dann vom vierten Kulturtage ab genügend stabile RNS für die Zymogenproduktion vorhanden ist und die Produktion sich bereits auf der Translationsebene (Abb. 14, Ribosomen und ER) abspielt. Die RNS-Produktion dürfte durch das Mesenchym induziert sein. Seine primäre Wirkung wird sowohl auf das Anwachsen der Mitosentätigkeit

(Abb. 14c, d), wie auch zugleich auf die Förderung der DNS-Synthese gerichtet sein.

Durch die Abszissenbenennungen a–g der Abb. 14 wurde versucht, einen *Zeitplan für die Interaktionen Mesenchym/Pankreas-Epithel* zu erstellen, der natürlich auch gewisse Vermutungen über kausale Abläufe zuläßt.

Entnimmt man zu bestimmten Zeiten nach Ansetzen der Kultur dieser das Mesenchym, so ergibt sich: 30 Stunden Wirksamkeit genügen nicht, um Drüsenacini hervorzurufen (Abb. 14c, e). Dagegen ist die Anwesenheit von Mesenchym nach 48 Stunden zur Induktion nicht mehr erforderlich (c). – 48stündige Einwirkung garantiert ganz allgemein ein Anlaufen der Zymogen-Synthese. Obwohl in dieser Zeit von 30 bis 48 Stunden Zeichen einer pankreatischen Acini-Differenzierung (oben im Bild) nicht sichtbar werden, ist Amylase-Aktivität entsprechend der Kurve schon festzustellen (RUTTER). Während dieser 18 Stunden vollzieht sich demnach in einzelnen Epithelzellen eine Chemodifferenzierung. Diese Phase wurde auch als Determination (I, S. 174), bzw. von GROBSTEIN als „covert differentiation", verdeckte Differenzierung, bezeichnet (Abb. 14e).

Entfernt man umgekehrt das Epithel mit Hilfe von Trypsin *nach 30 Stunden aus der Kultur und konfrontiert es neuem Mesenchym,* so bringt dieses 30 Stunden induzierte Epithel nach dieser Unterbrechung selten innerhalb der normalen 5-Tage-Spanne Zymogen-Granula zustande. 40 Stunden induziertes Epithel dagegen wird kaum in der Zymogen-Produktion gestört. Das Ergebnis entspricht dem des vorigen Versuches und bestätigt es: *Zwischen 30 und 48 Stunden überführt ein Vorgang der biochemischen Zytodifferenzierung die Epithelzellen aus einem labilen in einen manifesten Zustand.* Betont muß aber bleiben, daß der genaue kausale Ablauf des Vorganges der Induzierung vom Mesenchym aus, insbesondere der Angriffspunkt des Mesenchyms am Epithel, noch nicht dargestellt werden kann.

Auch der manifeste Zustand der „covert"-Differenzierung (der stabilen Determination) bedarf noch einer weiteren Bedingung, damit die „overt"-Differenzierung eingeleitet werden kann. Wie bereits S. 39, 41 und Bd. II, S. 164 erörtert, wird die *Zytodifferenzierung nur bei Anwesenheit einer Mindestanzahl von Zellen* realisiert (Masseneffekt). Das ist auch hier der Fall. Falls das 40 Stunden lang induzierte Epithel bei der Rekultivierung mit Mesenchym in zu kleine Stücke von weniger als etwa einem Achtel der Originalgröße aufgeteilt wird, tritt eine sichtbare Differenzierung nicht ein.

Zur Zytodifferenzierung wird immer eine gewisse Mindestmenge von Zellen benötigt. Die auf S. 41 an der Differenzierung von isolierten Myoblasten und hier bei der Differenzierung von Pankreas-Drüsenläppchen getroffene Beobachtung läßt sich an Blastemen ganz unterschiedlicher Herkunft immer wieder feststellen: Im Insektenkeimstreif bedarf es nach UV-Defektsetzung zur Aufrechterhaltung der Differenzierung eines Drittels des dorsalen Präblastoderms (d. h. präsumptiven Keimstreifmaterials, vgl. II, S. 48). In der Säugetier-(Kaninchen-)Keimscheibe müssen nach Röntgentotalbestrahlung 50–70 gesunde Zellen übrigbleiben, damit die für die Differenzierung der bis dahin isopotenten Zellen nötigen Gestaltungsbewegungen auf der Keimscheibe eingeleitet werden können (U. Mootz).

Zusätzlich zu den Zell-Interaktionen, die für die histologische Differenzierung von Speicheldrüsen, Pankreas, Niere unentbehrlich sind, sollen noch diejenigen zur Bildung von Knorpel der Wirbelsäule besprochen werden. Im Embryo (Amphibien, Hühnchen und Säugetiere) sind für die Entwicklung der Wirbelsäule drei Organe von besonderer Bedeutung: Rückenmark Chorda, Ursegmente. Entfernung von einem dieser Organe hindert die Wirbelentwicklung. Ohne Chorda werden die Wirbel abnorm (Abb. 15 a), ohne Rückenmark (b) bildet sich um die Chorda nur eine Knorpelschicht (Strudel) (vgl. II, Abb. 46).

In explantierten Ursegmenten älterer Embryonen (20–26 Somitenpaare) entsteht im allgemeinen ohne Schwierigkeiten Knorpel. Werden jedoch die einzelnen Ursegmente aus dem Achsensystem von jüngeren Embryonen (15–16 Somiten) durch Trypsinierung in vitro völlig voneinander isoliert, so chondrifizieren sie nicht (Abb. 15 c). Es muß ein ventrales Teilstück vom Neuralrohr oder aber Chordamaterial (Abb. 15 d, e) hinzugefügt werden (HOLTZER, ZILLIKEN). Das Ergebnis der Induktion läßt sich nicht unmittelbar, sondern erst nach einer Latenzzeit von etwa vier Tagen feststellen (f). Für die Induktion von Knorpel ist dauernder Kontakt mit den induzierenden Geweben, Neuralrohr, Chorda, Ursegmente nicht nötig. Eine kurze Zeit der Anregung genügt, auch wenn sie nur durch ein Membranfilter hindurch geschieht. Segmentierung erfolgt lediglich bei Anwesenheit von Spinalnerven oder Spinalganglien (vgl. dazu S. 29 f.). Offenbar hindern diese an den Stellen, an denen sie liegen, die Knorpelbildung.

Aus der Chorda und dem Neuralrohr von viereinhalb Tage alten Hühnchenembryonen konnte ZILLIKEN den *chondrogenen Faktor* isolieren. Er ist relativ niedermolekular mit einem Molekulargewicht von etwa 10 000 bis 6 000. Da Knorpel durch einen Chondroitinsulfat-Proteinkomplex gekennzeichnet ist, der aus etwa 16–20 % Chondroitinsulfat A, B oder C, Keratosulfat und etwa 80 % Matrix-Protein besteht, so läßt sich die Einwirkung des chondrogenen Faktors an der Neusynthese von Chondroitinsulfat aufzeigen. Sie ist nach Inkorporierung von $Na_2{}^{35}SO_4$ autoradiographisch darstellbar. Die Menge von extrahierbarem Chondroitinsulfat darf demnach als Index für die Knorpelbildung gelten.

Der Wirkungsmechanismus des chondrogenen Faktors ist noch nicht durchschaubar, zumal der Zeitbedarf für die Knorpelbildung vom Beginn des Induktionsvorganges an sehr groß ist. Auch muß man berücksichtigen, daß in vivo in älteren Ursegmenten eine gewisse Knorpelproduktion ohne Einwirkung von Chorda und Neuralrohr automatisch eintreten kann, der chondrogene Faktor also möglicherweise einen an sich ablaufenden Vorgang fördert, aber nicht inauguriert.

Ein Modell zu entscheidenden Vorgängen der Zytodifferenzierung kann die Genese der Erythrozyten darbieten. Denn die Verhältnisse erweisen sich bei diesem Organsystem als vergleichsweise einfach: Die roten Blutzellen produzieren in ihrem Differenzierungsprozeß während

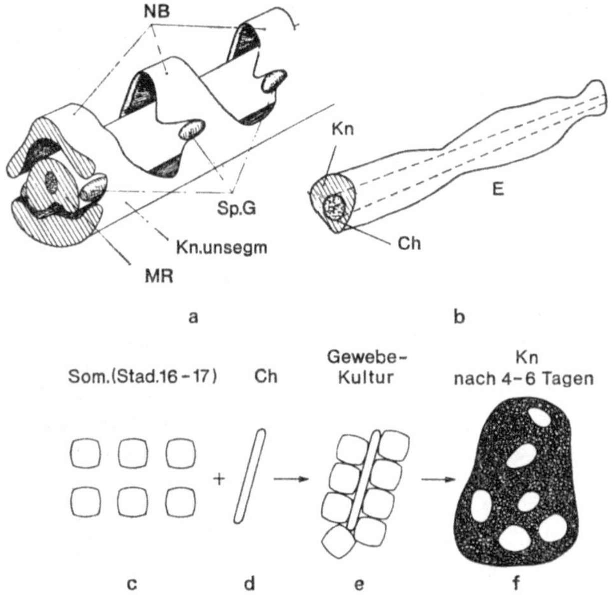

Abb. 15. *Gallus* (Huhn). Abhängigkeit der Knorpelbildung von Medullarrohr und Chorda (halbschematisch; a, b nach STRUDEL 1967, c–f nach ZILLIKEN 1967). a) Abnorme Wirbelbildung nach Entfernung der Chorda aus dem jungen Embryo. b) desgl. nach Entfernung des Neuralrohres. c–f) Interaktion von Ursegmenten (Stadium 16–18 Somiten) und Chorda (Stadium 60 Stunden) in vitro mit dem Ergebnis der Knorpelbildung.

Ch Chorda. *E* Segmentale Einschnürung. *Kn* Knorpel. *Kn. unsegm* Rinnenartige unsegmentierte Knorpelbildung. *MR* Neuralrohr. *NB* Neuralbogen. *Som* Somiten. *Sp. G* Spinalganglion. *Stad* Stadium

des Übergangs vom Erythroblasten zum Erythrozyten im wesentlichen eine einzige Substanz, *Hämoglobin.*

Die *Erythroblasten,* Vorstufen der Erythrozyten, entstehen als Tochterzellen von Stammzellen, bei Säugern vor allem im Knochenmark, und vermehren sich stetig. Die DNS-Replikation, die in der S-Phase der Mitosen (I, S. 13) stattfindet und sich durch Fluor-deoxy-Uridin außer Kurs setzen läßt (PAUL und HUNTER), ist offenbar auch für die anschließende m-RNS-Synthese von Wichtigkeit. Bei dem *Reifungsprozeß,* den die Erythroblasten durchmachen, treten in ihrem Zellkörper eine Reihe von Organellen hervor (u. a. Mitochondrien, GOLGI-Apparate, Ribosomen, Siderosomen), und unter Mitwirkung dieser entstehen neue Proteine, Enzyme, Nucleoproteine. Eine Synthese von Hämoglobin wird möglich.

Diese ganze Skala von Entwicklungsvorgängen, die *Erythropoiese*, läuft an den Stammzellen der Erythrozyten und ihren Tochterzellen normalerweise in einem gewissen Umfang ab, kann aber sehr stark über das normale Maß hinaus durch ein Hormon stimuliert werden, durch *Erythropoietin*. In geringem Maße ist dieses Hormon im Zytoplasma normaler Zellen vorhanden. Bei Sauerstoffmangel vermehrt es sich jedoch sehr stark und vermag in Zellen des Retikulo-endothelialen Systems und vergleichbaren Zellen die Differenzierung auf die Bildung von Erythrozyten umzustellen. Innerhalb von drei Tagen verschwinden die vorhandenen Organelle. Die reifenden Erythroblasten füllen ihr Zytoplasma mit Hämoglobin. Bei Säugetieren werden dabei die Kerne aus den Erythroblasten herausgedrängt, vom Zytoplasma der Stammzelle aufgenommen und dort resorbiert. Nach weiteren zwei oder drei Tagen sind die *Erythrozyten* ausdifferenziert. Sie leben etwa 120 Tage und fallen dann der Phagozytose durch Retikulumzellen des Knochenmarks und anderer Zellen des Retikulo-endothelialen Systems anheim. – Eine in vitro-Kultur der roten Säuger-Blutzellen, um unmittelbar ihre Reifung und Differenzierung zu verfolgen, ist nicht möglich, weil sie sich als kernlose Zellen nicht vermehren lassen.

Hämoglobin stellt sich uns bei adulten Säugern in seiner Normalform (A) dar als ein zusammengesetztes Molekül aus vier Peptidketten und vier Häm-Gruppen (Fe^{2+}-haltigen Porphyrinringen). Je zwei Peptidketten gleichen einander, so daß man zwei α- und zwei β-Ketten mit je 141 bzw. 146 Aminosäuren unterscheiden kann. Außerdem sind die α- und β-Ketten einander homolog; im Aufbau, d. h. in der Abfolge der Aminosäuren entsprechen die Ketten einander: Von 140 Aminosäuren liegen in der α- und β-Kette 68 identisch und in gleicher Position vor (BRAUNITZER).

Der O_2-Transport obliegt allein den Häm-Gruppen, die ohne Änderung der Wertigkeit von Fe^{2+} über Nebenvalenzbindungen je ein Molekül O_2 aufnehmen können.

Aus der Menge der aufgetretenen *Mutationen* (BRAUNITZER) soll hier nur diejenige des Sichelzellen-Hämoglobins, des Verursachers der Sichelzell-Anämie, genannt werden. Es läßt sich elektrophoretisch und im deoxygenierten Zustand nach der verminderten Löslichkeit vom Hämoglobin A trennen und unterscheidet sich von diesem in lediglich einer einzigen Aminosäure: In der β-Kette ist Glutamin an Position β 6 gegen Valin ausgetauscht. Aus solchen Mutationen ergibt sich eine erste Möglichkeit, Einsicht in die *Genetik der Hämoglobin-Moleküle* zu erhalten (INGRAM, PAULING und Mitarbeiter). Die Sichelzell-Anämie vererbt sich durch ein rezessives MENDELsches Gen. Wenn man von der Proteinstruktur auf die informationstragende DNS zurückschließen will, so wird als Mutationseinheit auch hier ein Mono-Nucleotid (I, S. 29) angesehen werden müssen.

Nach den Untersuchungen von SCHROEDER und Mitarbeitern kontrollieren jeweils mehrere Gene die einzelnen Ketten der Hämoglobinmoleküle. Mindestens erscheinen je eine m-RNS für α- und für β-Ketten, sowie für die Bildung der Häm-Gruppe als nötig. Da die α- und β-Ketten einander homolog sind, muß man schließen, daß auch die m-RNS-Stränge homologe Sequenzfolge aufweisen. – Soweit man sich Vorstellungen über die *Evolution der Hämoglobinketten* gemacht hat, führt man identische Ketten auf serienmäßige Duplikationen von Genen, homologe Ketten auf Genduplikationen mit nachfolgenden DNS-Austauschvorgängen nach Art des crossing-over zurück.

Ein entscheidender Entwicklungsschritt war nach unseren Ausführungen die Erhöhung des Erythropoietin-Spiegels und die durch dieses Hormon bedingte *Auslösung der Differenzierung der roten Blutzellen.* Es soll versucht werden, die ersten Reaktionen mit den noch nicht in Richtung auf die Erythrozyten eingestellten Stammzellen zu beschreiben.

In Tieren, in denen die endogene Erythropoiese künstlich unterdrückt ist, kann man die Bildung von roten Blutkörperchen durch exogene Anwendung von Erythropoietin in Gang setzen (GOLDWASSER, JAKOBSON und Mitarbeiter). Auf das Hormon reagieren in diesem Fall nicht Erythrozyten oder Erythroblasten, sondern undifferenzierte Stammzellen, welchen kennzeichnende Proteine der reifen Erythrozyten fehlen. Das verabreichte Erythropoietin veranlaßt, wie vor allem in vitro studiert werden konnte, ein überstürztes Anschwellen der RNS-, auch wohl besonders der m-RNS-Synthese. Das Hormon scheint also die Transcription von Genen, die sich möglicherweise im Zustand der Repression befinden, in Gang zu bringen (GOLDWASSER).

Dieser hormonal bedingte Entwicklungsprozeß greift nach allem unmittelbar an der DNS an. Er könnte entsprechend den von JAKOB und MONOD entwickelten Vorstellungen (Abb. 19) eine für Hämoglobinbildung bestehende Repression aufheben. Es wäre natürlich auch denkbar, daß es sich bei der Genaktivierung nicht um eine negative Kontrolle (Beseitigung einer Negierung), also eine Dereprimierung, handelt, sondern um einen positiven Anstoß, den das Erythropoietin auslöst.

Experimentelle Anhaltspunkte dafür, daß in den Erythrozyten ein solcher positiver Anstoß zur Genaktivierung für die Synthese der Hämoglobin-m-RNS vorliegen könnte, gewannen PAUL, GILMOUR und Mitarbeiter durch folgende Versuchsanordnung: Sie trennten isoliertes Chromatin aus Erythroblasten und aus Hirnzellen in DNS, Histon- und Nicht-Histon-Proteine und setzten diese Bestandteile wechselseitig wieder zusammen. Aus diesen Chromatin-Restituierungsexperimenten ergibt sich: Nur bei Kombination irgend einer DNS mit Nicht-Histon-Proteinen aus Erythroblasten kann eine heterologe RNS-Polymerase (aus *Escherichia coli*) Globin-m-RNS synthetisieren. Damit ist für diese Genaktivierung entscheidend auf die Rolle der Nicht-Histon-Proteine hingewiesen. Man kann für den ersten durch Erythropoietin eingeleiteten Differenzierungsschritt eine positive Kontrolle der Genwirkung unter Vermittlung der sauren Chromosomenproteine als gegeben ansehen. Allerdings bleibt auch nach diesen Analysen noch nicht völlig entschieden, ob durch das Hormon die Synthese von Globin-m-RNS direkt angeschaltet wird (also differenzierende Transcription vorliegt), oder ob die Konzentration an Globin-m-RNS im Erythrozyten durch posttransciptionale Mechanismen erhöht wird.

Ausführliche Vorstellungen über negative und positive Genkontrolle durch Hormone sind S. 71 ff. entwickelt.

Anschließend an die RNS-Synthese, die naturgemäß auch hier durch Actinomycin D gestoppt werden kann, beobachtet man eine Anhebung der *Synthese des Hämoglobin-Moleküls.* Der Vorgang läßt sich durch Puromycin, das die Translation lahmlegt (I, S. 64), unterdrücken. Demnach beeinflußt Erythropoietin aller Wahrscheinlichkeit nach die Bildung der für diese Synthese benötigten Enzyme.

Die Hämoglobinsynthese zieht sich in der Erythropoiese zeitlich sehr weit hinaus. Sie kann bei Säugetieren noch in den letzten Vorstufen des reifen Erythrozyten, der seinen Kern bereits verloren hat und schon im peripheren Blut zirkuliert, stattfinden. Da diese Synthese, wie die zuvor nötigen für Häm und Globin, im Erythrozyten ohne Kern ablaufen, werden sie nicht unmittelbar durch ad hoc transcribierte m-RNS, sondern an stabilisierter m-RNS stattfinden.

Während der fünftägigen Entwicklungsspanne zwischen dem Stadium der Stammzelle bis zu dem der Erythrozyten bilden sich in einer roten Säuger-Blutzelle etwa 3.10^{-11}g oder 3.10^{8} Moleküle Hämoglobin. Daher ist es möglich, aus den Erythroblasten m-RNS für Hämoglobin in großer Menge zu gewinnen (CHANTRENNE und Mitarbeiter).

Diese aus den Erythroblasten isolierte RNS-Sorte ließ sich in einem einzigartigen Testsystem identifizieren. Oozyten von *Xenopus* synthetisieren nur sehr wenige eigene Proteine und unter diesen kein Hämoglobin. Injiziert man nach dem Vorgang von GURDON und Mitarbeitern die zu prüfende RNS, so produzieren die Oozyten, einem Reagenzglas voll Testgemisch vergleichbar, Hämoglobin. Hierdurch wurde erstmals eine Eukaryonten-messenger-RNS nachgewiesen.

c) Wachstum und Metamorphose

Wachstum, Vergrößerung der räumlichen Ausmaße und des Gewichtes, ist vielfach im Prozeß der **Differenzierung,** dem Verschiedenwerden von gleichartigen Keimbereichen, miteinbeschlossen oder mit ihm verzahnt.

Wenn durch den Begriff der Differenzierung im wesentlichen Vorgänge bezeichnet werden, die innerhalb eines Keimbezirks qualitative Veränderungen herbeiführen und in ihm die Mannigfaltigkeit erhöhen (S. 122 ff.), so kann auch quantitatives Wachstum eines der Mittel sein, den Differenzierungsprozeß zu fördern: Innerhalb der Zellen vergrößern oder vermehren sich einzelne Areale des Zytoplasmas nach bestimmtem Muster. Im Bereich der Blasteme ändern Zellgruppen ihr Volumen oder zeichnen sich gegenüber anderen durch intensivere Teilungsaktivität aus. Derartig differenziertes Plasma-, Zell- oder Zellgruppenwachstum kann zu bestimmten Anordnungsweisen dieser Einheiten führen. Bei den geschilderten Formbildungsprozessen sind solche Möglichkeiten für ein *Differenzierungswachstum* bald hier, bald dort verwirklicht.

Zellen wachsen innerhalb der mitotischen Teilungsperiode oder im Anschluß an diese. Das *Teilungswachstum* liegt jeweils zwischen zwei Mitosen. Sein Ausmaß ist durch die Länge der Interphasenzeit zwischen den Teilungen bestimmt und begrenzt (vgl. I, S. 13). Allerdings gilt dies nicht für alle Zellarten. Während Zellen von Hautepithelien und Schleimhäuten, von Bindegewebe, manchen Drüsen- und Lymphgeweben, von blutbildenden Organen sich zeitlebens teilen und zwischen den Teilungen wachsen, verlieren Zellen des Nervensystems, der Skeletmuskulatur, des Herzmuskels, zum Teil der Leber und Niere, mit der Ausdifferenzierung die Fähigkeit, sich mitotisch zu teilen. Ihnen bleibt die Möglichkeit für *postmitotisches,* sog. *Funktionswachstum.* In dieser Phase wachsen etwa die Nervenfasern aus. Wachstumsfaktoren für sensible und sympathische Nerven sowie spezifisch für Epithelzellen wurden S. 35 genannt. Sie greifen nicht unmittelbar am Plasmaleib der Nervenzelle an, sondern entfalten ihre Wirkung über den Kern dieser Zelle. Vielfach ist das postmitotische Wachstum von Polyploidisierung des Zellkernes oder von Amitose begleitet. In diesen Fällen läuft der Funktionsstoffwechsel der Zelle ungeachtet der Teilungsvorgänge weiter. Beim mitotischen Wachstum werden dagegen im allgemeinen vor Beginn der Mitose die Arbeitsstrukturen der Zelle, wie z. B. Muskelfibrillen, Zilien, abgebaut. Wachstum und Differenzierung erscheinen in der Einzelzelle vielfach als einander ausschließende Funktionen. Im Leben des Gesamtorganismus tritt diese Trennung von Wachstum und Differenzierung in dieser Schärfe nicht hervor. Aber bei einzelnen Bildungsvorgängen, wie z. B. der Abscheidung von Zwischensubstanzen und bei der Knorpelbildung in der Hühnchen-Extremität, heben sich Perioden mit vorwiegend Differenzierungscharakter deutlich von solchen reinen Vermehrungswachstums voneinander ab. Sie können im Wechsel aufeinander folgen (SCHMALHAUSEN).

Nicht notwendig brauchen beim Zellwachstum oder der Zellvermehrung sich die *äußeren Maße vom Ganzen oder von einem Keimbereich* zu ändern. Gerade am Anfang der Embryonalentwicklung, zumal wenn sie sich in holoblastischer Form vollzieht, müssen sich die Keime auf ein bestimmtes Volumen beschränken, wie die Beispiele über die Auswirkung der Kern-Plasma-Relation dartun (Bd. I, S. 117 ff.). Ebenso sind Endgröße und Endform eines Organismus genetisch auf eine Reaktionsnorm festgelegt (I, S. 121 und 132). Die *Koordinierung der einzelnen Vorgänge des Differenzierungswachstums* kann innerhalb des Keimes oder innerhalb der Organe durch die gleichen Einrichtungen gewährleistet werden, die diese für die Gestaltungsbewegungen herbeiführen: Das hyaline Oberflächenhäutchen vermittelt die Einheitlichkeit flächenhafter Ausbreitungstendenz beim Wachstum der Epidermis (II, S. 130 f.). Mesoblastemale Extremitätenanlage veranlaßt Epidermis beliebiger Herkunft zum Auswachsen für die Extremitätenbildung (S. 21). Polarisierende Einflüsse ermöglichen das gerichtete Sprossungswachstum der Somatoblastenzelle für die Bildung des Wurmkeimstreifs (II, S. 22). Auswachsendem Gewebe streben die Ausläufer von Nervenzellen zu (S. 31). Bereits vorhandene Strukturen bilden Leitlinien für die Wachstumsrichtung der peripheren Nerven (S. 33), ebenso wie die Ausbreitungsrichtung sich vermehrenden Gewebes mesenchymatischen Ursprungs durch fibrilläre Bildungen oder gewisse Spannungsverhältnisse der Zwischengewebe beeinflußt wird (S. 36).

Größenwachstum eines ganzen Keimes mit bereits vollzogener innerer Gliederung wird angesichts dieser durch den Differenzierungsprozeß gegebenen Bedingungen niemals eine allseits gleichförmige Volumenvergrößerung bedeuten. Das Wachstum eines organisierten Keimes ist stets ein differentielles. Im Innern eines Keimes besitzen Organe, Gewebe, Zellen ihre eigenen Wuchsformen, wie auch ihre eigenen Wachstumsgeschwindigkeiten. Einige Organe wachsen schneller oder langsamer und in anderen Proportionen als der Gesamtorganismus. Andere wachsen in gleichem Tempo wie dieser. Mit dem Größenwachstum eines Organismus oder eines Organes ist stets eine örtlich wechselnde Umdifferenzierung verbunden. Teile werden aufgebaut, andere zu gleicher Zeit an derselben Stelle abgetragen. Das Organ wird beim Größerwerden ständig neu modelliert. In jedem Lebensalter besitzt ein Tier einen den jeweiligen Status kennzeichnenden Umriß und seine eigenen, in der Weiterentwicklung wieder dem Wechsel unterworfenen Proportionen.

Das differentielle Wachstum bezeichnet man auch als *relativiertes* bzw. *allometrisches Wachstum*. Dabei bedeutet Allometrie die Anwendung von Sondermaßstäben für die verschiedenen Achsenrichtungen oder Teile. Die Sondermaßstäbe gelten relativ zur Wachstumsgeschwindigkeit des ganzen Körpers. Dieses Wachstum läßt sich in der „allometrischen“ Wachstumsformel $y = b \cdot x^{\alpha}$ ausdrücken, wobei y = Maßgröße des Teiles (Körperteil, Organ, Zelle, Zellkern), b = eine Konstante, x = Maßgröße des Ganzen Organismus, α = Wachstumskonstante ist. Je nach der Größe der Wachstumskonstante unterscheidet man: 1. Isometrisches Wachstum ($\alpha = 1$) = Wachstum mit gleichem Ausmaß in allen Körperrichtungen (*Isoauxesis*); 2. Allometrisches Wachstum ($\alpha \lesseqgtr 1$) = Wachstum mit unterschiedlicher Geschwindigkeit in den verschiedenen Körperachsen (*Heteroauxesis* für die Ontogenese, *Allomorphosis* für die Phylogenese).

Wächst der Teil schneller als das Ganze ($\alpha > 1$), so spricht man von positiv allometrischem Wachstum *(Tachyauxesis)*, wächst der Teil langsamer als das Ganze ($\alpha < 1$), nennt man dies negativ allometrisches Wachstum *(Bradyauxesis)*.

Die einzelnen Wachstumsgeschwindigkeiten sind in den verschiedenen Perioden des Lebenszyklus Veränderungen unterworfen, wie auch das Wachstum sich über unterschiedliche Phasen des Lebenszyklus erstreckt. Im Entwicklungsverlauf wechseln vielfach Perioden starken Wachstums mit solchen geringerer Wachstumsintensität und gleichzeitig umfangreicherer Differenzierungsschritte miteinander ab. In der Regel verläuft das Wachstum periodisch (z. B. jahreszeitlich bei Fischschuppen, Ersatzdentinablagerungen der Wirbeltierzähne, Geweihbildung, Haar- und Federwechsel, Häutungs- und Spinndrüsenwachstum der Insekten). Bei Menschen und Tieren dauert im allgemeinen das Wachstum, das hier fast ausschließlich auf Zellteilung beruht, bis zur Geschlechtsreife an; manche, wie z. B. Fische, nehmen auch darüber hinaus bis in hohes Alter stetig an Größe zu.

Als Faktoren des Wachstums kommen *äußere, entwicklungsphysiologische* und *genetische* in Betracht. Zu den fördernden *äußeren Umständen* zählen Größe des Lebensraumes, zusagende Bewegungsumstände, passende Ernährung, genügende Exkretionsmöglichkeiten (vgl. I, Abb. 43). Wesentlich als *innere Voraussetzungen für proportioniertes Wachstum* sind folgende: Alle Teile müssen zureichend innerviert sein und damit gute Funktionsmöglichkeit besitzen. Alle Teile müssen genügend von der Körperflüssigkeit umspült werden, so daß sie der darin enthaltenen Nähr- und Wirkstoffe teilhaftig werden können. Zu den für Wachstum und Differenzierung wesentlichen Wirkstoffen gehören die von den inkretorischen Drüsen wie auch von sekretorischen Zellen einiger Nervenzentren ausgeschiedenen *Hormone* (vgl. HANKE, Sammlung Göschen, Bd. Nr. 1141). Hormone sind körpereigene Wirkstoffe sehr unterschiedlicher Stoffzugehörigkeit, die nach ihrer Herkunft als *Drüsenhormone* oder *Neurohormone* unterschieden werden können. Von ihren Bildungsorten aus gelangen sie bei Wirbeltieren über das Blut, bei Wirbellosen über die Hämolymphe bzw. die Körperhöhlenflüssigkeit zu den auf sie reagierenden Erfolgsorganen. An der Ausschüttung der Hormone hat das Nervensystem auch insofern Anteil, als es die Tätigkeit der Drüsen reguliert.

Wesentlich beteiligt an der Stimulierung des Wachstums ist bei Wirbeltieren die *Hypophyse.* Sie ist eine mehreren anderen inkretorischen Organen übergeordnete, glandotrope (adenotrope) Hormondrüse. Dem in ihrem Vorderlappen von den eosinophilen Zellen bereiteten *Wachstumshormon,* einer in Wasser unlöslichen Eiweißverbindung (EVANS, LONG, LI), hat man lange Zeit unmittelbare Einflußnahme zugeschrieben, doch wirkt es sehr wahrscheinlich über den *Thymus* (BOMSKOV). Hypophysenlose Tiere wachsen nicht. Durch Zuführung von Hypophysenhormon läßt sich das abklingende Wachstum wieder auf den normalen Stand bringen. Das Hormon gibt unabhängig von seiner artgemäßen Herkunft homodynam einen Anreiz, der von den verschiedenen Geweben und Organen unter normalen Bedingungen mit der ihnen im Rahmen des Gesamtwachstums zukommenden Wachstumsgröße beantwortet wird. Die Produktion von Wachstumshormonen hat sich bei Mäusen insofern als *genabhängig* erwiesen, als durch ein rezessives Gen eine Atrophie der eosinophilen Zellen im Hypophysenvorderlappen bedingt und dadurch Zwergwuchs herbeigeführt werden kann (SMITH und MCDOWELL). Die Rolle des Thymus, der ja im Wachstumsalter der Tiere seine größte Entfaltung zeigt, ist deshalb schwierig zu ergründen, weil sein Hormon sehr wahrscheinlich nicht unmittelbar in die Blutbahn ausgeschüttet, sondern durch Lymphozyten an die Reaktionsgewebe verfrachtet wird.

Veränderungen am inkretorischen System stören die allometrische Harmonie des Wachstums. So hat Entfernung der Keimdrüsen bei Wirbeltieren Riesenwuchs der Gliedmaßen zur Folge. Vergrößerung der Hypophyse führt zu übermäßigem Wuchs mit auffälliger Größenzunahme und Verdickung der Finger- und Zehenglieder (Akromegalie). Entfernung der Schilddrüse im Jugendalter ergibt, ebenso wie Entfernung der Hypophyse, Zwergwuchs. Die *Bedeutung genetischer Mutationen* für die Unterfunktion der eosinophilen Zellen im Hypophysenvorderlappen und damit für das Ausbleiben normalen Wachstums wurde eben erwähnt. Alle Experimente lassen erkennen, daß die Wachstumsfaktoren vielfältig im genetischen und äußeren wie inneren entwicklungsphysiologischen Faktorensystem des werdenden Keimes verankert sind.

Dem Gesamtwachstum des Körpers geht in der **Metamorphose**, der Umwandlung larvaler in imaginale Zustände, eine Gruppe besonders hervortretender Differenzierungsprozesse parallel. Sie sind zwar im einzelnen sehr verschiedenartig, rufen aber in ihrer Gesamtheit eine den ganzen Körper ergreifende Umwandlung seiner Einpassung von einem Milieu in ein ganz anderes hervor. Wie die verschieden ausgerichteten Einzelwachstumsprozesse zum Gesamtwachstum, so sind auch diese unterschiedlichen Differenzierungsprozesse für den ganzen Körper einheitlich korreliert. Da dies durch die Tätigkeit jeweils besonderer Hormondrüsen geschieht, so ist es möglich, experimentell die Vorgänge des Größenwachstums von den Differenzierungsvorgängen der Metamorphose zu trennen. Eine Darstellung der Metamorphoseprozesse gestattet insbesondere, hormonale Entwicklungssysteme in ihrem Wesen zu kennzeichnen (vgl. S. 76).

Bei den Amphibien verläuft die Metamorphose der Kaulquappen in folgenden zwei Schritten: Im ersten werden die äußeren Kiemen der Larve mit dem Kiemendeckel versehen, die Haftnäpfe verschwinden. Hornkiefer, Spiraldarm, Hinterextremitäten, Ruderschwanz, Flossensaum wachsen. Es sind vorwiegend Aufbauvorgänge. Mit dem zweiten Schritt durchstoßen einige Wochen später die Vorderextremitäten die Kiemendeckel. Der Kopf wird umgestaltet. An die Stelle des runden Kaulquappenmaules tritt das weit aufklappbare Froschmaul. Spiraldarm, Kiemen, Ruderschwanz, Flossensaum werden abgebaut. Die Vorgänge spielen sich hauptsächlich an der äußeren Körperform, Organen der Atmung, Nahrungsaufnahme und Verdauung ab, während die Rumpfmuskulatur weniger in Mitleidenschaft gezogen wird.

Für die Metamorphoseprozesse ist die gegenseitige Abhängigkeit der Hormondrüsen voneinander gut untersucht. Diese Vorgänge werden bei Amphibien durch das *thyreotrope Hormon des Hypophysenvorderlappens,* ein von den basophilen Zellen erzeugtes lösliches Protein, hervorgerufen. Kaulquappen, denen durch einen Thermokauter im Mundhöhlendach die Hypophyse abgetötet ist (ADLER), treten nicht in die Metamorphose ein. Auch die Neotenie, Geschlechtsreife ohne Metamorphose, ist beim Axolotl durch eine Unterfunktion der Hypophyse bedingt. Wahrscheinlich ruft beim blinden Höhlenmolch *Typhlomolge* Unterfunktion der Schilddrüse ebenfalls Neotenie hervor. Die *Schilddrüse* atrophiert nach Entnahme der Hypophyse bei Kaulquappen vollständig. Ihr Wachstum wird von der Hypophyse kontrolliert. Die Schilddrüsenhormone Thyroxin und Trijodthyronin lösen unmittelbar die verschiedenen Vorgänge der Metamorphose aus (GUDERNATSCH, KUHN). Sie sind artunspezifisch. Ohne Anwesenheit von Jod ist eine Metamorphose nicht möglich. Das Hormon kann bei der großen Verschiedenheit der eingeleiteten Prozesse nur eine auslösende Wirkung entfalten. So reagieren auch beim Austausch von Urodelen- und Anurengewebe beide im fremden Wirt mit den artgemäßen Umbildungen (GEIGY).

Welche Bedeutung dem geweblichen Reaktionssystem bei der Hormonwirkung zukommt, läßt sich bei der artbestimmenden Neotenie des blinden Grottenolmes *Proteus* und des Furchenmolches *Necturus* experimentell erfahren. Die Anlagen der Erfolgsorgane zeigen einen Mangel an Kompetenz den Hormonen gegenüber, sie sprechen auf den hormonalen Reiz nicht an. – Da nach Untersuchungen an *Triturus vulgaris* Gene über Eintritt in die Metamorphose und über Neotenie entscheiden, scheinen diese Gene nicht nur an den einzelnen Produktionsorten der Hormone anzugreifen, sondern auch die Kompetenz der Erfolgsorgane, sowohl der ekto- wie der meso- und entoblastemalen, zu beeinflussen.

Die *Schilddrüsenhormone* besitzen stark stoffwechselsteigernde Eigenschaften. Diese könnten die primäre Wirkung auch für die Einleitung der Metamorphoseprozesse darstellen, indem sie sowohl die Entwicklungstätigkeit neu beleben als auch das Phagozytenwachstum zur Vermehrung der Resorptionsprozesse anregen. Der Beginn der Hormonwirkung, die Abstufung der Hormonausschüttung durch die Drüse, der Abschluß der Drüsentätigkeit sind durch die Entwicklungsvorgänge in der Schilddrüse bedingt, während die Ansprechbarkeit der Gewebe zeitlich unbeschränktere Grenzen besitzt. – Mitbestimmt wird die Wirkung der Hormondrüsen durch die Tätigkeit auch nebengeordneter Drüsen. So ist für die Thyreoidea der *Thymus* ein Antagonist. Die Schilddrüsenentwicklung erreicht im normalen Verlauf dann ihren Höhepunkt, wenn der Thymus seine höchste Aktivität gerade überschreitet (SKLOWER). Verfüttertes Thymusgewebe vermag sowohl die Stoffwechselgröße wie auch die Metamorphosetätigkeit hintanzuhalten, indem es die Sekretion der Schilddrüse herabsetzt.

Grundsätzlich gleichgelagerte Verhältnisse finden sich beim *Häutungswachstum* und der *Metamorphose* der Insekten. Zu dem hier wirksamen Hormonsystem gehören im wesentlichen Hormone aus dreierlei Bildungsorten: ein Neurohormon des Gehirns, ein Hormon der Prothoraxdrüse bzw. homologer oder analoger Drüsen, und eines der Corpora allata (Juvenilhormon). Wie Untersuchungen insbesondere an Schmetterlingsraupen und Fliegenmaden, aber auch an Larven anderer Holo- und Hemimetabolen zeigen, vermögen *sekretorische Zellen des Gehirns* (Abb. 16) *ein Neurohormon* abzusondern, das als *Aktivierungshormon für die Einleitung einer Larven- bzw. Imaginalhäutung* dient (KÜHN, PIEPHO, HADORN, WIGGLESWORTH, PFLUGFELDER). Seine Wirkung ist jedoch nicht eine unmittelbare, sondern eine *glandotrope* (adenotrope). Erfolgsorgane des Neurohormons sind bei Schmetterlingen, bei denen die Verhältnisse zuerst genau untersucht wurden (FUKUDA, WILLIAMS), die weitverzweigten *Prothorakaldrüsen.* An ihre Stelle treten bei Fliegen als Homologa die seitlichen, sog. Hauptzellen der Ringdrüse, welche dem Gehirn unmittelbar anliegt (HADORN). Die durch Neurohormone aktivierten Prothorakaldrüsen scheiden ein *Prothorakalhormon* ab, *das die Verpuppungs- oder Imaginalhäutung bzw. die Puparisierung auslöst.*

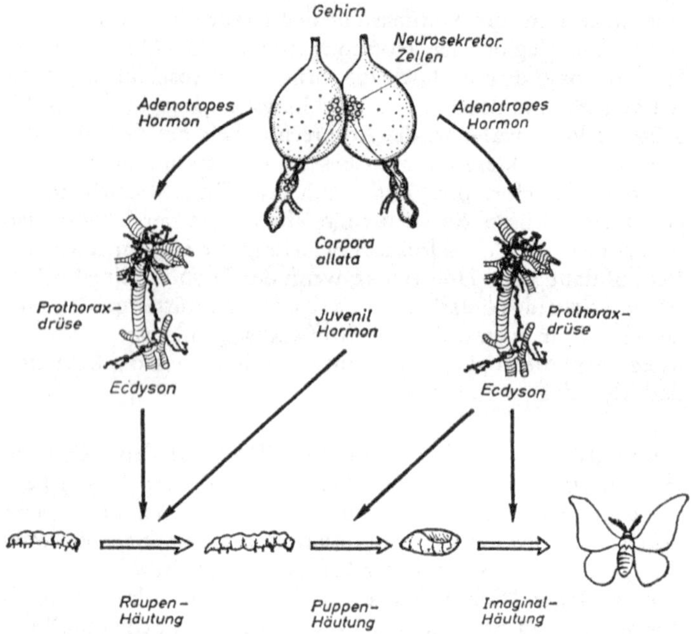

Abb. 16. *Hexapoda* (Insekten). Das *Hormonsystem in der Metamorphose. Adenotropes* (über weitere Drüsen wirkendes) *Hormon der neurosekretorischen Zellen des Gehirns* aktiviert die an einem Tracheenstamm liegenden Prothorakaldrüsen zur Sezernierung von *Prothorakalhormon* = Metamorphosehormon = Häutungshormon = Ecdyson. Dieses stimuliert alle Häutungen. Sie würden immer Häutungen zur Puppe bzw. Imago sein, wenn nicht das *Juvenilhormon* der Corpora allata sie zu einer Larvenhäutung umformten. Die Funktion der Corpora allata wird vom Gehirn aus auf dem Nervenwege geregelt. (In Anlehnung an KARLSON 1962 und BÜCKMANN 1970)

Die Hormone werden kurz vor Beginn einer Häutung ausgeschüttet. Sie sind ihrer Natur nach, oder aber infolge der Mitwirkung anderer Hormone, auf bestimmte Entwicklungsschritte, nämlich auf den Übergang der Larve zur Puppe, bzw. von der Larve oder Puppe zur Imago abgestimmt. Sie leiten nicht nur die entsprechenden Häutungen ein, sondern führen auch die inneren Entwicklungsprozesse der Metamorphose herbei, die Umbildung des Hirnes, die Ausgestaltung der Imaginal-

schreiben, den Ersatz des larvalen Darmepithels, Veränderungen des Stoffwechsels, den Zerfall des Fettkörpers, Förderung von Samen- und Eibildung (M. VOGT). Diese Hormone sind nicht artspezifisch. Aber die Funktionsbefähigung der hormonbildenden Organe, z.B. der Ringdrüse, erweist sich als genabhängig.

Jede Häutung würde bei den Insekten eine Puparisierungs-, Verpuppungs- oder Imaginalhäutung sein, wenn nicht das *Juvenilhormon des Corpus allatum,* eines einfachen oder paarigen Körpers hinter dem Gehirn (Abb. 16) bzw. bei Fliegen der ventralen medianen Schenkel der Ringdrüse, dem Imaginalhäutungshormon entgegenwirkte, sei es durch Hemmung dieses Hormons, sei es durch Abänderung der Imaginalhäutung im Sinne einer larvalen Häutung (WIGGLESWORTH, BOUNHIOL, HADORN). Wahrscheinlich nimmt die abgesonderte Menge des Juvenilhormons von Häutung zu Häutung ab, bis es bei der letzten, imaginalen Häutung ganz verschwindet. Durch seine abgestuft geringere Ausschüttung und das entsprechend geringer werdende Gegenwicht gegen das Imaginalhormon kann auch der leistungsspezifische Unterschied zwischen Verpuppungs- und Imaginalhormon bedingt sein. Mit dem Übergang von der Larve zur Imago stellen sich die Corpora allata um. Sie absorbieren bei Wanzen den Rest noch vorhandenen Juvenilhormons. Eines der Corpus-allatum-Hormone übt eine stoffwechselsteigernde Wirkung aus. Das gleiche oder ein anderes entfaltet artspezifisch eine gonadotrope Wirkung, wodurch die Dotterablagerung in den wachsenden Oozyten veranlaßt wird.

Schon frühzeitig ließen sich die Veränderungen der Metamorphose bei Insekten, speziell bei Fliegen und Mücken, bis in die chromosomalen Reaktionen hinein verfolgen, weil die Riesenchromosomen der Speicheldrüse dieser Dipteren an bestimmten Genloci Funktionsstrukturen in Form des Puffing ausbilden. An diesen Stellen entspiralisieren sich die DNS-Fäden (vgl. I, S. 24 f., 31). H. J. BECKER klärte bei *Drosophila* an aufeinanderfolgenden Larvenstadien und beim Eintritt in die Metamorphose die normale Abfolge der Puffbildung auf. Besonders am linken Arm des dritten der vier Chromosomen vollziehen sich sehr charakteristische, dabei kurzzeitige Veränderungen dieser Funktionsstrukturen. Sie sind in Abb. 17 a und 18 oben abzulesen und sollen hier nur für die besonders hervortretenden Strukturen beschrieben werden: Nach dem dritten Larvenstadium beginnt die Pupariumbildung, d. h. Bräunung der persistierenden dritten Larvenhaut, ihre Verformung zu einem Tönnchen, in welchem sich Vorpuppe und Puppe entwickeln. Vier Stunden vor der Puparisierung bilden sich die Puffs 74 EF und 75 B (Abb. 18, schwarz). Sie verschwinden vor dem Vorpuppenstadium und sind nach 9–11 Std., kurz vor der Fertigstellung der Puppe, wieder festzustellen. Der Puff 78 D erscheint im dritten Larvenstadium etwas später als 75 B und bleibt nur bis zum Beginn der Pupariumbildung erhalten (Abb. 18, oben).

Wenn entsprechend den auf Abb. 16 gegebenen Vorstellungen die Metamorphose durch Hormonausschüttung vom Larvengehirn her ausgelöst wird, so war es naheliegend, zu fragen, ob auch ein kausaler Zusammenhang zwischen Hormonausschüttung und Genfunktion besteht. BECKER schnürte eine *Drosophila*-Larve im dritten Stadium so durch (Abb. 17), daß gerade die Speicheldrüse unter der Schnur lag und ihre eine Hälfte dem Vorderstück, ihre zweite Hälfte dem Hinterstück zugeteilt wurde. In dieser Situation puparisierte lediglich das mit Metamorphosehormon versorgte Vorderende (Abb. 17 a, schattiertes Teilstück). Das Hinterstück blieb eine Dauerraupe. Wie die Untersuchung der Speicheldrüsenchromosomen vor und hinter der Schnur gleichzeitig erkennen ließ, erscheint das charakteristische Puffingmuster 74 EF, 75 B, 78 D nur dann, wenn Metamorphosehormon Zugang hat und die Umwandlung zur Puppe einleitet. Schnürung der Larve in späterem Stadium, nach erfolgter Ausschüttung von Metamorphosehormon, läßt auch hinter der Schnur das Puparium entstehen (Abb. 17 b, schattierte Larve). Zugleich sind die Puffs in den Chromosomen gebildet. Durch diese Ergebnisse wird der Zusammenhang von Metamorphosehormon-Ausschüttung und der Genaktivierung für die Metamorphose deutlich.

Ein weiteres Experiment gibt zusätzlich über den Modus der Genaktivierung Aufschluß. Die dabei gestellte Frage ist umfassender als die I, S. 127 erörterte, welche nur die einmalige

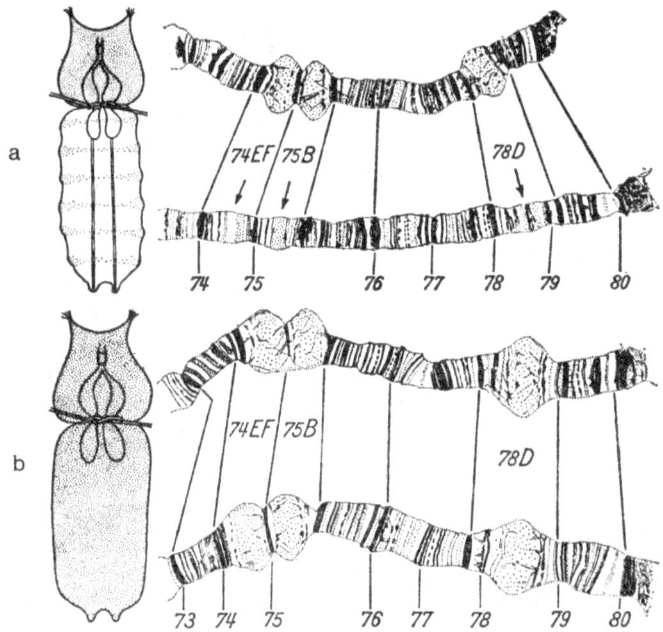

Abb. 17. *Drosophila melanogaster* (Taufliege). Puparisierungsvorgang der Larve des 3. Stadiums und Puffbildung in den Chromosomen der Speicheldrüsen. Zwischen der Schnürung und der Pupariumbildung lagen verschieden lange Zeitintervalle

a) Schnürung in früherem Stadium vor der Hormonausschüttung: Vor der Schnur Pupariumbildung, hinter der Schnur Dauerlarve. b) Schnürung in späterem Stadium nach der Hormonausschüttung: Vor und hinter der Schnur Pupariumbildung. Neben jedem Schnürungsschema das basale Stück des Chromosomenarmes III L aus dem vor der Ligatur und dem hinter der Ligatur gelegenen Teil der Speicheldrüse (nach BECKER 1962)

Beeinflussung des Kernverhaltens durch das Zytoplasma betraf. Nunmehr handelt es sich darum, zu erfahren, ob die Gene Eigenrhythmus, eine innere Uhr besitzen, nach der sie, zwar auf Anregung von zytoplasmatischen oder Außenfaktoren hin, aber doch nur ein einziges Mal im Leben des Tieres eine bestimmte Aufgabe vollziehen, ober ob sie jugendlich, jederzeit in jedwedem Zustand reversibel, sich vom extranucleären Raum her in einen funktionsfähigen Zustand versetzen lassen. Können die Speicheldrüsenchromosomen, wenn sie einen ganz bestimmten Puff einmal gebildet und wieder zurückgebildet haben, diesen Weg noch einmal gehen?

Becker verpflanzte aus der Vorpuppe 2 Std. nach dem Puparisierungsbeginn (Abb. 18, unten) die Speicheldrüsen um 8 Entwicklungsstunden zurück in das dritte Larvenstadium (Pfeil). Der Zustand der Chromosomen mit ihren Puffs läßt sich Abb. 18 oben ablesen. Während der Pupariumbildung waren die Puffs 74 EF, 75 B, 78 D bereits wieder eingezogen. Ins dritte Larvenstadium transplantiert aber, bildet die Speicheldrüse in ihren Chromosomen diese Puffs genau so (Abb. 18, zu den Chromosomen gerichteter Pfeil), wie es die wirtseigenen Chromosomen tun: Ein Genlocus, der schon einmal eine Funktion durchgeführt hat, kann, wenn er wieder in das aktivierende Milieu hineingebracht wird, diese Funktion ein weiteres Mal vollziehen.

Wenn es nach diesen Untersuchungen als gesichert gelten muß, daß bei Auslösung einer Insekten-Metamorphose die humorale Wirkung sich nicht nur an der morphologischen Umwandlung der Larve zu Puparium mit Puppe, sondern auch unmittelbar an der Funktionsstruktur bestimmter Gene ablesen läßt, so drängt sich die Frage nach dem kausalen Ablauf auf: Zielt die Hormonwirkung nicht unmittelbar auf reagierende Zellen, sondern zunächst auf den Zellkern und die Gene? Und wie ist eine solche Hormonwirkung über Genaktivierung vorstellbar?

Eine Beantwortung der letzten dieser Fragen ist durch die biochemischen Untersuchungen von Butenandt und Karlson über die Wirkungsweise der Prothorakaldrüse, welche ja das auslösende Hormon für den Ablauf der Metamorphosehäutungen abscheidet (Abb. 16), in greifbarere Nähe gerückt. Zunächst *gelang es, das Hormon der Prothorakaldrüse zu isolieren und als Molekül zu kristallisieren.* Es konnte mit großem Materialaufwand aus den Puppen des Seidenspinners (*Bombyx mori*) gewonnen werden. Prinzip der Aufarbeitung solcher biologischen Extrakte ist es, nach jedem Schritt chemischer Auftrennung die entstandenen Produkte biologisch auf ihre Wir-

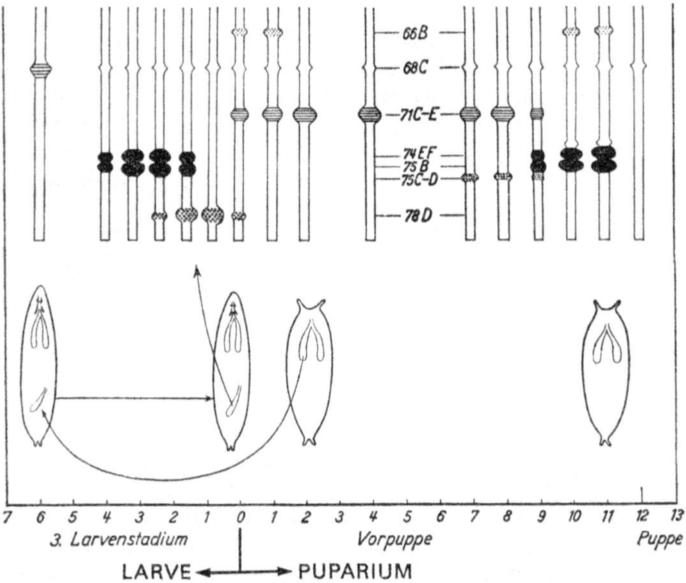

Abb. 18. *Drosophila melanogaster*, Fruchtfliege

Puffbildung in den Riesenchromosomen der Speicheldrüse (oben) während des letzten Larvenstadiums und der Pupariumbildung mit Vorpuppe und Puppe, sowie Darstellung des Rücktransplantationsexperiments der Speicheldrüsen (unten) von der Vorpuppe zum frühen dritten Larvenstadium (Pfeile). Die Gene der Wirts- und Transplantat-Speicheldrüsen treten jeweils wirtsstadiengemäß in ihre Funktionsstruktur ein. Abszisse: Zeit in Std. vor und nach der Pupariumbildung (0). Die Angaben für das dritte Larvenstadium sind geschätzt (nach BECKER 1962, verändert)

kungsweise hin zu testen und die positiv reagierenden Fraktionen weiter aufzuarbeiten. Günstige Testobjekte waren die Maden der Schmeißfliege *Calliphora*. Da bei ihnen das Homologon der Prothoraxdrüse unmittelbar dem Gehirn anliegt, kann man, wie schon in Abb. 17 gezeigt, durch Abschnürung und Entfernung des Kopfes die Hormonausschüttung auf das Hinterende unterbinden. Die isolierten, im Stadium der Dauerlarve verbleibenden Raupenabdomina lassen sich durch Injektion mit 0,01 ccm einer wässerigen Lösung der zu prüfenden Substanz daraufhin testen, ob sie die Umwandlung der Larvenhaut zum tiefbraunen und verhärteten Tönnchen der Puppe, die Sklerotisierung, vollziehen. Die Tönnchenformung geht mit einer Muskelkontraktion einher, deren Ergebnis dann durch die Sklerotisierung festgelegt wird. Aus 500 kg Puppen konnten 25 mg eines Steroids ($C_{27}H_{44}O_6$) gewonnen werden. Es kristallisiert in langen Nadeln und besitzt einen Schmelzpunkt von 240 bis 242 °C. 0,01 μg genügen unter bestimmten Bedingungen zur Auslösung der Pupariumbildung bei 50–70 % larvaler *Calliphora*-Abdomina (= 1 C.E., *Calliphora*-Einheit). Zur Auslösung der Weiterentwicklung enthirnter Diapause-Puppen und -Abdomina des Saturniiden-Schmetterlings *Platysamia cecropia* sind 10–12 μg je Tier erforderlich (WILLIAMS).

Das Hormon erhielt die Bezeichnung *Ecdyson*. Die Aufklärung des Wirkungsmechanismus dieses Prothorakalhormons wurde von verschiedenen Seiten her unternommen. Dabei konnte man von vornherein die Kerne der Larven-Epidermis mit in die Untersuchung einbeziehen. Die Umwandlung von einzelnen entwicklungsspezifischen Querscheiben der Riesenchromosomen in funktionsbereite Puffs (Abb. 17 und I, Abb. 5), die in geordneter Folge während der normalen Metamorphose zu beobachten ist, läßt sich bei der Zuckmücke *Chironomus* auch bei Einführung von Ecdyson in die Nachschieber von 11 oder 12 Tage alten Larven des 4. Stadiums, dem dort letzten Stadium vor der Verpuppung, erreichen. Ein bestimmter Puff im Abschnitt 18-C des I. Chromosoms fehlt in Larven, die sich nicht in einer Häutungsphase befinden. 15–30 Min. nach Injektion von 10 C.E. Ecdyson, gelöst in 1–2 μl 0,65%iger NaCl, in einen der Nachschieber, den man gleich darauf abbindet, erscheint dieser Puff als erster. Nach Behandlung von Quetsch-Präparaten der Speicheldrüsen mit Orceïn-Essigsäure und Lichtgrün leuchten die funktionstätigen Puffs außerhalb der ruhenden Querscheiben grün auf. Die Größe eines induzierten Puffs, sowie die Dauer seiner Aktivität, richtet sich nach der Höhe der Ecdyson-Dosis. Jedoch wirkt sich das Hormon bei verschieden gelagerten Puffs unterschiedlich aus.

Ecdyson stimuliert eine Reihe weiterer Prozesse: Vermehrung der RNS, Vergrößerung von Nucleolen und Mitochondrien,

Cytochrom-c-Synthese, Einbau von Thyrosin in die Cutikula. Gerade der Tyrosinstoffwechsel wurde von KARLSON und Mitarbeitern genauer studiert, da von ihm aus die Sklerotisierung der Cutikula ins Blickfeld kommt. Injizierten die Autoren radioaktiv markiertes Tyrosin, so fanden sie die Radioaktivität nachher zu etwa 80 % in der Cutikula, d. h. im Pupariumtönnchen wieder. Jüngere *Calliphora*-Larven bauen Tyrosin durch Transaminierung ab. Im späten dritten Larvenstadium, etwa 2 Tage vor der Pupariumbildung, wird jedoch der Tyrosinstoffwechsel zu einem Teil von der Abbauphase in die Synthese der Sklerotisierungssubstanz für die Pupariumbildung umgesteuert. Dies geschieht durch Ecdyson. Künstlich kann man die Umsteuerung mittels Schnürung verhindern (Abb. 17 a), durch Ecdyson-Injektion beschleunigen.

Im einzelnen ist der Weg (vgl. Abb. 20) folgender: Tyrosin wird zunächst durch ein Mikrosomen-Hydroxylierungssystem zu DOPA (Dihydroxy-Phenyl-Alanin) hydroxyliert (1). Es folgt durch DOPA-Decarboxylase eine Decarboxylierung zu Dopamin (2). Aus diesem entsteht N-Acetyl-Dopamin (3), welches wiederum durch ein Phenoloxydase-System zu o-Chinon oxydiert wird (4). Die Sklerotisierung ist eine Art Chinongerbung, bei der sich vermutlich Proteinketten unter sich und mit dem Chinon, vielleicht auch mit Chitin, vernetzen. – Unmittelbar hat das Ecdyson Einfluß auf Vermehrung der DOPA-Decarboxylase, sowie auf die Wirkung eines Aktivator-Enzyms, durch welches eine Prä-Phenoloxydase in die aktive Form der Phenoloxydase überführt wird. Man muß annehmen, daß diese Enzyme unter dem Einfluß von dem Hormon Ecdyson neu synthetisiert werden.

Für die hier geschilderte Reaktionsfolge läßt sich ein S c h e m a z u r H o r m o n w i r k u n g ü b e r G e n a k t i v i e r u n g anwenden. Es ist von KARLSON für Steroidhormone höherer Organismen, insbesondere für Ecdyson, eingerichtet und soll hier zunächst einmal ausführlich behandelt werden. Das Schema läßt sich mit dem in Bd. I, Abb. 6 gegebenen vergleichen, weicht aber hinsichtlich der Art der Aktivierung des Operators von diesem Schema ab. Wurde nach Bd. I, Abb. 6 die Genkette nur in dem Falle stillgelegt, wenn ein Endprodukt als Corepressor sich mit einem Aporepressor eines Regulatorgenes zu einem wirksamen Repressor verband und den Operator blockierte, so befindet sich im Schema Abb. 19 schon normalerweise ein Repressor in wirksamer Unterdrücker-Funktion. Er kann durch einen Effektor inaktiviert werden. Dann fällt die Blockade des Operators und der Genkette weg, und die bis dahin angehaltenen Reaktionen laufen ab. Den Effektor der Abb. 19 bezeichnet man im allgemeinen als Induktor. Er entfaltet seine Wirkung dadurch, daß er die Genkette dereprimiert. Die Wirkung dauert an, solange der Induktor vorhanden ist. Nach Verbrauch des induktorischen Effektors tritt der Repressor wieder in Funktion und legt die Genkette still.

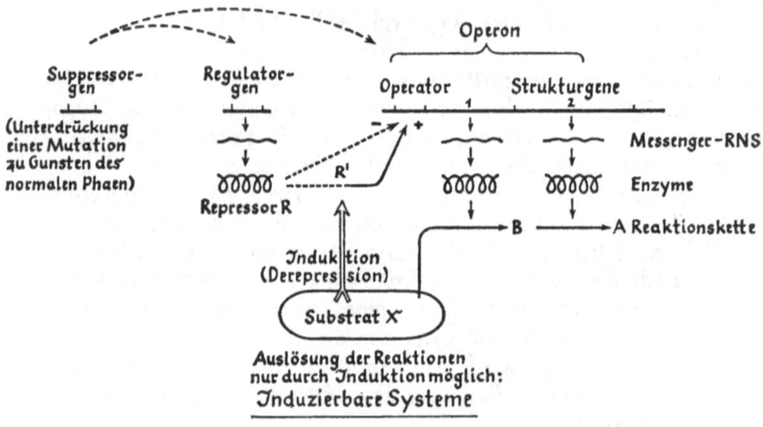

Abb. 19. Allgemeines Schema der Induktion für ein genetisch bedingtes katabolisches System der Enzyme (vgl. I, **Abb. 6**). **Die** Induktion kommt in diesem Falle durch eine Derepression zustande. **Das System arbeitet so lange, bis der** Induktor **verbraucht ist.**

Als Induktor wirkt das Substrat *X*. Es modifiziert das Produkt des Regulatorgens, den Repressor *R* zu *R'*, welcher seinerseits dann die Funktion des Operons, bestehend aus dem Operator und den beiden Strukturgenen, nicht mehr reprimieren kann (+). *X*, *B*, *A* sind Glieder einer Reaktionskette, deren Ablauf von den Enzymen 1 und 2 katalysiert wird.– Suppressor-Gene können in hetero- oder homozygotem Zustand die Wirkung eines nicht allelen mutierten Gens kompensieren bzw. unterdrücken und damit den normalen Phänotypus hervorrufen (nach Angaben von JACOB und MONOD 1964)

Effektoren können spezifische kleine Moleküle sein, die einen Repressor nach dem Prinzip der Allosterie spezifisch aktivieren oder inaktivieren, so daß er mit bestimmten Operatoren reagieren und diese blockieren kann oder nicht. „Der Repressor ist“, wie BRESCH sich ausdrückt, „sozusagen der Vermittler zwischen Plasma und Genom. Wie die Messenger-RNS Information vom Genom ins Plasma trägt, so bringt der Repressor Nachrichten vom Plasma zum Gen.“ *Auch Moleküle von Hormonen oder deren Reaktionsprodukte können im Sinne von Effektoren als Induktoren Verwendung finden.* Für das Reaktionsschema der Wirkung von Ecdyson bei der Metamorphose der Insekten würde das allgemeine Schema die in Abb. 20 dargestellte Form annehmen.

Folgende Teile sind in diesem Schema durch KARLSON und Mitarbeiter experimentell belegt:

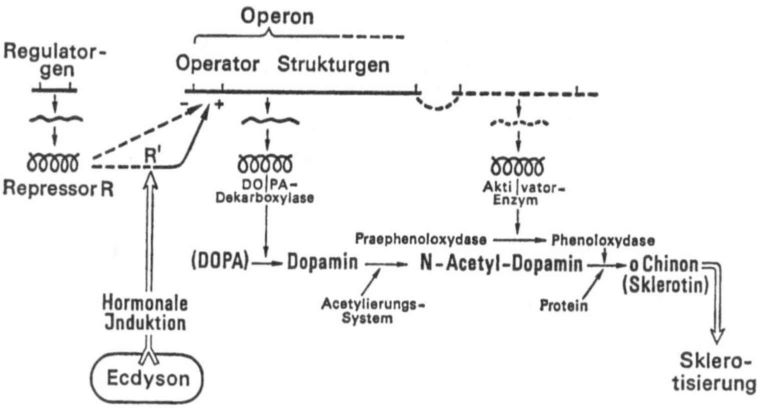

Abb. 20. *Calliphora erythrocephala,* Schmeißfliege. Hypothetisches Modell für die Induktion der Reaktionen, die in der Epidermis des 3. Larvenstadiums vom Zytoplasma zum Kern und wieder zum Zytoplasma führen, um die Epidermiszellen für die Sklerotisierung vorzubereiten: Ecdyson inaktiviert den vom Regulatorgen kontrollierten und den Operator blockierenden Repressor (Derepression). Die durch den Operator angeregten Strukturgene geben die Information zum Ablauf der S. 71 im Text erläuterten Reaktionen (1) bis (4). Es folgen die biochemisch, aber noch nicht genetisch aufgeklärten Reaktionen zur Sklerotisierung der Epidermis und damit der Puparienbildung (Nach den Untersuchungen von KARLSON und SEKERIS 1962–1969)

1. Wie 1–2 Std. nach der Injektion von Ecdyson in Fliegenlarven durch Präparation aufzuzeigen ist, tritt die *Wirkung von Ecdyson an den Riesenchromosomen der Speicheldrüsen unmittelbar durch Bildung bestimmter Puffs* hervor. Daß Ecdyson am Kern angreift und Einfluß auf die Synthese von m-RNS gewinnt, läßt sich an den Epidermiszellen, die entsprechend ihrer Beteiligung bei Häutungs- und Puparisierungsvorgängen als Erfolgsorgane der Ecdysonwirkung anzusehen sind, unmittelbar feststellen. *Werden isolierte Epidermis-Kerne mit Ecdyson bebrütet, steigert sich in ihnen die RNS-Biosynthese,* gemessen am Einbau von radioaktivem Uracil, auf das eineinhalb- bis zweieinhalbfache.

2. *Die in den Epidermis-Kernen gebildete RNS wird ins Zytoplasma eingeschleust und ist* bei einer ^{32}P-Markierung nach etwa 3 Std. *in den Mikrosomen aufzufinden.*

3. Im zellfreien in vitro-System für Protein-Biosynthese (vgl. I, S. 171) [bestehend aus m-RNS, Mikrosomensuspension (aus *Calliphora*-Epidermis, oder einfach Rattenleber) einschließlich anhaftender Enzyme und t-RNS, Aminosäuren, ^{14}C-L-Leucin, ATP, GTP, Kreatinphosphat, Kreatinkinase, $MgCl_2$, Tris-Puffer] vermehrt nach SEKERIS und LANG m-RNS aus 8 Tage alten weißen Vorpuppen von *Calliphora* den Einbau von ^{14}C-L-Leucin in Protein fast um das Doppelte gegenüber der m-RNS aus 6-Tage-Larven dritten Stadiums, bei denen die Ecdyson-Ausschüttung noch nicht vollzogen ist. *Demnach enthalten Ecdyson-induzierte Tiere mehr m-RNS als nicht induzierte.*

4. In solchem zellfreien System *tritt mit Vorpuppen-m-RNS nach 6–8 Std. DOPA-Dekarboxylase auf, mit 6-Tage-Larven-m-RNS nicht.*

5. Durch ActinomycinD wird, ebenso wie durch Ribonuclease, die Transcription und damit die Synthese des Enzymmoleküls unterbunden.

Ungeklärt bleibt in diesem genetischen Schema noch der genaue Weg, den ein Hormon, welches im Blut oder in den Körpersäften transportiert wird, bis in den Zellkern hinein nimmt. Aller Wahrscheinlichkeit nach wird das Hormon beim Eintritt in die Zelle zunächst im Zytoplasma an Rezeptor-Protein gebunden und gelangt mit diesem oder einem vergleichbaren Komplex in den Zellkern hinein. Ob dort der Weg über die in Abb. 20 theoretisch angenommene negative Kontrolle der Genaktivität der einzig mögliche ist und tatsächlich vorliegt, d. h. ob die Genkontrolle durch Repressoren erfolgt und diese bei der Hormoninduktion unschädlich gemacht, dereprimiert werden müssen, ist eine offene Frage. Genau so wäre eine positive Kontrolle der einzelnen Strukturgene durch eine Reaktionsfolge denkbar, die nicht über einen Repressor führt. In diesem Falle würde das Hormon im Kern innerhalb des dortigen Rezeptor-Protein-Komplexes unmittelbar das Chromatin einzelner Gene aktivieren. Es würde ein Startsignal für die RNS-Polymerase an bestimmten Promotoren dieser Gene geben und somit positiv die Transcription einleiten.

Unabhängig von solcher Hormonwirkung über die Gene gibt es einen weiteren Weg der Hormonwirkung unmittelbar im Zytoplasma. Er wurde für viele andere, Nicht-Steroid-Hormone, gefunden und betrifft hauptsächlich Peptidhormone. Zur Darstellung dieses Weges der Hormonwirkung muß man die Reaktionen an der Zellmembran und die Weiterführung dieser Reaktionen ins Zytoplasma hinein genauer betrachten. Offenbar gibt es in der Zellmembran spezifische Proteinmoleküle als Hormonrezeptoren. Sie vermögen Hormone zu adsorbieren, so daß diese vorübergehend an die Zellmembran gebunden werden. Eine derartige Interaktion führt zu einer Stimulierung der Adenylat-Cyclase, durch die cyklisches Adenosinmonophosphat (cAMP) produziert wird (SUTHERLAND). Das cAMP wird als *„Zweiter Messenger"* bezeichnet. Es ist innerhalb des Zytoplasmas Mittler zu Enzymen, insbesondere Proteinkinasen. Obwohl die Spezifität des Hormoneinflusses am zweiten Messenger strukturell nicht mehr in Erscheinung tritt, ist sie dennoch erhalten geblieben, weil es für die unterschiedlichen Hormone in der Zellmembran jeweils bestimmte Rezeptoren gibt. So ist die *Zelle kompetent für bestimmte Signale.* Auf dem weiteren Wege innerhalb des Zytoplasmas kann cAMP Proteinkinasen aktivieren, so daß Zellproteine modifiziert (phosphoryliert) und bestimmten Funktionen zugänglich gemacht werden. Daß jeweils immer nur bestimmte Zellen auf bestimmte Hormone ansprechen und den Hormonen generell eine auslösende Funktion zukommt, entspricht der allgemeinen Darstellung, die im folgenden zur Funktion hormonaler Systeme gegeben wird.

Alle bisherigen Erörterungen zusammenfassend kann man als **allgemeine Kennzeichen hormonaler Entwicklungssysteme** folgende anmerken: Die an der postembryonalen Entwicklung beteiligten *Hormone sind leistungsspezifisch* wie die Wirkstoffe der embryonalen Induktoren. Sie müssen jedoch *in einem nicht so engen Sinne* wie die Induktoren als leistungsspezifisch bezeichnet werden. Denn es sind nicht Blasteme, welche auf sie reagieren, sondern Organe und Gewebe, die bereits selbst ausgesprochenere eigene Differenzierungstendenzen gewonnen haben. Im allgemeinen sind die ausgeschiedenen Hormone *nicht artspezifisch. Zeitlich wirken sie nicht überdauernd, sondern eng begrenzt. Sie werden von den Hormondrüsen zu der Zeit produziert, in der die Voraussetzungen für den Ablauf eines bestimmten Entwicklungsvorganges gegeben sind. Nach angemessener Zeit werden sie wieder abgebaut und verschwinden aus Blut oder Körperhöhlenflüssigkeit. So sind Regulationen der Hormonwirkung möglich. Die Aufnahme spezifischer Hormone in die ihnen spezifisch zugehörigen Erfolgsorgane ist durch besondere Kontaktmechanismen der Zellen gewährleistet. Von kompetenten Zellen werden die Hormone zunächst innerhalb des Zytoplasmas oder bereits in der Zellmembran an spezifische Rezeptorproteine gebunden. Entweder richtet sich die Wirkungsfähigkeit der Hormone dann auf Gene (Enzym-Induktion). Oder aber die Hormone bewirken über den zweiten Messenger im Raume des Zytoplasmas Modifikationen des Zellstoffwechsels.*

Die Aufnahmefähigkeit der Reaktionsgewebe hormonalen Wirkungen gegenüber ist meistens *zeitlich sehr weit ausgedehnt. Die raumspezifische Gliederung der hormonalen Reaktionen hängt allerdings wesentlich von der Gliederung der reagierenden Organe und Gewebe ab.*

d) Postembryonale Organdifferenzierung (Insekten)

Während bei den Wirbeltieren und hemimetabolen Insekten die Metamorphose in einem stetigen Umwandlungsprozeß von der Larve bis zum fertigen Zustand verläuft, gilt für die holometabolen Insekten ein anderes Prinzip: Nur einige Organsysteme der Larve, wie Ganglien und Nerven, Tracheen, Muskulatur, Teile des Darmsystems, werden stetig umgebaut, aber der Kopf mit Sinnesorganen, die Hypodermis, die Flügel, Extremitäten, Genitalien entstehen neu aus besonderen zunächst ins Innere des Körpers eingesenkten Blastemen der Hypodermis, den **Imaginalscheiben.** Die erste Anlage der Imaginalscheiben muß bereits im embryonalen Blastoderm geschehen, da die aus ihnen hervorgehenden Organe schon in diesem Stadium zu beeinflussen sind (Bd. I, S. 137 ff., Abb. 39). In den Larvenstadien wachsen sie zu größeren Blastemen heran und sind dann denjenigen Stadien embryonaler Organanlagen zu vergleichen, die nach der Induktion oder Selbstgliederung in das Stadium der Ausgestaltung eintreten. Da bei den Insekten in größerem Maße Rassendifferenzierungen bekannt sind, so lassen sich bei den Untersuchungen über die Imaginalscheibenentwicklung bemachen. Zugleich treten insofern Besonderheiten gegenüber den sonders gut auch Feststellungen über das Eingreifen von Genen bisher betrachteten Organbildungen hervor, als an ihnen schon frühzeitig stärkere Wachstumsprozesse beteiligt sind.

Um **das entwicklungsphysiologische Verhalten der Imaginalscheiben und ihrer Teile** festzustellen, entnimmt man die Scheiben dem zweiten bis dritten Larvenstadium und zerlegt sie in Insekten-Ringerlösung, welche etwa der Holtfreter-Lösung für Amphibien-Embryonen entspricht, mittels feiner Wolframnadeln. Dann implantiert man die Objekte nach der Methode von Ephrussi und Beadle mittels einer scharf zugespitzten Kapillarpipette in die Körperhöhle von Larven oder Imagines. Man kann dabei zweierlei Absichten verfolgen: Entweder legt man Wert darauf, daß die Blasteme nach der Operation möglichst schnell, ohne Zeit zu irgendwelcher Veränderung zu haben, in die Metamorphose eintreten. Dann wird man als Empfängerlarven solche nehmen, die kurz vor der Metamorphose stehen. Ober aber, die Objekte sollen nach der Operation möglichst viel Zeit gewinnen, um sich zu harmonisieren. Dann benutzt man vor der Anregung zur Metamorphose eine Imago als Zwischenwirt (Abb. 23; II, 15). Im Abdomen einer Imago können die Imaginalscheibenfragmente sehr lange am Leben erhalten werden. Hier bleiben die Blasteme larval wie in einem Larvenwirt, behalten auch ihre imaginale Differenzierungsfähigkeit bei. Vor allem aber wachsen sie in diesem Medium außerordentlich gut heran. Eine Halbscheibe kann in einem Zeitraum von 8–16 Tagen bis zur Normalgröße und noch darüber hinaus kommen (URSPRUNG), ehe sie in eine

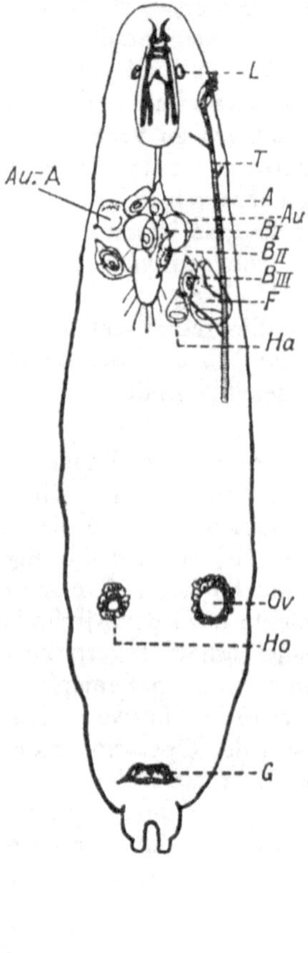

Abb. 21. *Drosophila* (Taufliege). Lage der Imaginalscheiben in der ausgewachsenen Larve (nach BODENSTEIN 1950)
A Antennenteil. *Au* Augenteil der Augen-Antennenscheibe *(Au.–A)*. *B I-III* Beinscheiben. *F* Flügelscheibe. *G* Genitalscheibe. *Ha* Halterenscheibe. *Ho* Hoden. *L* Labialscheibe. *Ov* Ovarium. *T* Trachee

Larve gegeben wird und dort etwa 2 Tage nach der Transplantation metamorphosiert.

Im folgenden werden Untersuchungen an der Genitalscheibe und der Augen-Antennenscheibe, sowie der Flügel-Imaginalscheibe von *Drosophila* und *Ephestia* beschrieben, zunächst solche über **Pläne der präsumptiven Organanlagen.**

Die Genital-Imaginalscheibe liegt bei *Drosophila* als median schwach hantelförmig eingebuchtete Scheibe ventral unter dem Larvendarm, kurz vor der Afteröffnung (Abb. 21, G, Abb. 22 a, schattiert). In der Breite mißt sie 280 μm, in der Länge 80 μm und besteht aus dicht gepackten Zellen, die um einen Hohlraum angeordnet sind. Beim Übergang des dritten Larvenstadiums in die pupale Metamorphose sistieren die Zellteilungen völlig. Abb. 22 gibt die Adultorgane wieder, die aus dieser Scheibe hervorgehen. Auch entstehen aus dieser Imaginalscheibe die letzten Abdominalsegmente. Zellteilungen laufen in den Adultorganen, soweit diese aus den Imaginalscheiben hervorgehen, nicht mehr ab.

Zur *Aufstellung von einem Anlagenplan* braucht man die möglichst unverfälschte Aussage über die primäre Entwicklungspotenz der einzelnen Teile der Imaginalscheibe. Sie ist durch Anwendung der ersten Methode lediglich larvaler Transplantation zu erreichen. Man hält dabei die Zeit zwischen Transplantation und Metamorphose möglichst kurz, um die Zellproliferation und damit auch die Regulationstätigkeit möglichst einzuschränken. In einem so angesetzten Explantationsversuch entwickeln sich Teile der Imaginalscheibe autonom wie Teile eines Mosaiks von Organanlagen. Diese Anlagen müssen demnach innerhalb der Scheibe begrenzte Areale umfaßt haben. *Die Differenzierungstendenz von Imaginalscheibenfragmenten ist nicht nur scheibenspezifisch, sondern auch arealspezifisch.* Auf dieser Basis ist der Anlagenplan für die Genital-Imaginalscheibe entworfen, der in Abb. 22 dargestellt ist. Die Pfeile weisen auf die Zentren der jeweiligen Anlagenbereiche hin (HADORN und Mitarbeiter).

Man kann hier weiter fragen, in welcher Weise die isolierten Imaginalscheibenareale die Fähigkeit zu dieser spezialisierten

Entwicklung gewonnen haben. Falls sie durch *Differenzierungstendenzen bereits der Einzelzellen* bedingt ist, müßte sich dies besonders dann zeigen, wenn solche Zellen aus ihrem Verband

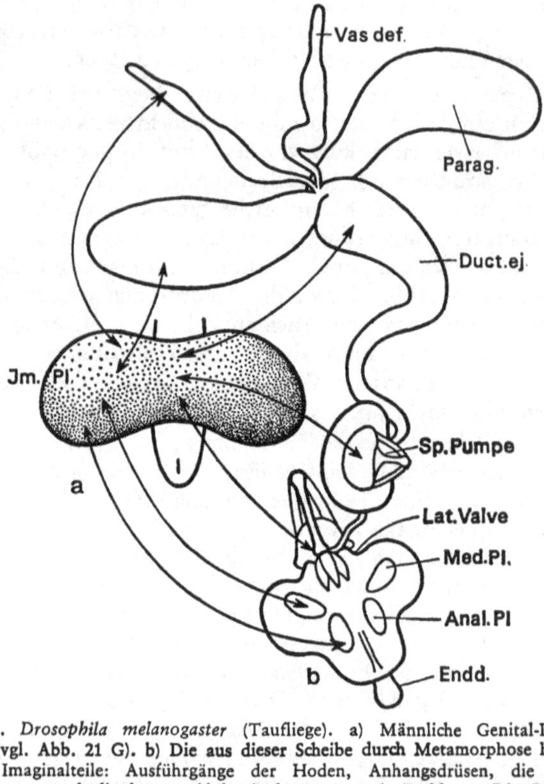

Abb. 22. *Drosophila melanogaster* (Taufliege). a) Männliche Genital-Imaginal-Scheibe (vgl. Abb. 21 G). b) Die aus dieser Scheibe durch Metamorphose hervorgehenden Imaginalteile: Ausführgänge der Hoden, Anhangsdrüsen, die äußeren Genitalorgane und die letzten Abdominalsegmente mit Enddarm. Die Pfeile lassen in der Imaginalscheibe, welche aus dichtgepackten, um einen Hohlraum angeordneten Zellen besteht, den Ort der jeweiligen Anlagen erkennen (nach den Ergebnissen von *HADORN* und Mitarbeitern 1949–1966)

Anal-Pl Analplatten. *Duct.ej* Ductus ejaculatorius, unpaarer Ausführgang. *Endd* Enddarm. *Im.Pl* Imaginalplatte, -scheibe. *Lat.Valve* behaarte Lateral-Valve, Lateralplatte. Zwischen diesen Platten entspringt aus der Chitinkapsel der Penisapparat mit Tragplatte des Penis. *Med.Pl* Medialplatte. *Parag* Paragonien, Anhangsdrüsen. *Sp.Pumpe* Spermienpumpe. *Vas def* Vas deferens, paariger Samenleiter

herausgenommen sind. Durch Trypsineinwirkung oder mechanische Dissoziierung nach genetischer Markierung einzelner Imaginalscheiben kann man die Einzelzellen miteinander mischen (NÖTHIGER). Gerade *Drosophila* verfügt über viele genetische Markierungsmöglichkeiten, z. B. *ebony*- und *yellow*-Mutanten für Chitinstrukturen, *singed*-Mutanten für Borsten usw. Werden Imaginalscheibenzellen verschiedener Mutanten dissoziiert und reaggregiert, so offenbaren sich die gleichen Prinzipien, wie sie für die Amphibien-Neurula II, S. 176 f. und II, Abb. 47 dargestellt sind: Nur Zellen gleichen Typus, niemals heterotypische, vereinigen sich miteinander, und zwar unabhängig von Genotypus oder Geschlecht. Analplatten-Zellen vereinigen sich z. B. nicht mit Medialplatten-(Clasper-)Zellen, sondern trennen sich von ihnen. Offenbar tragen die Einzelzellen in einem Anlagengebiet selbst bestimmte Eigenschaften, die zu positiver oder negativer Kontaktnahme befähigen (vgl. II, S. 177 f.). Die *Zellen* erscheinen als *selbstdifferenzierende Elemente für die Herstellung der Differenzierungstendenz des Blastems,* dem sie angehören.

Beim Entwurf eines Anlagenplanes der Augen-Antennen-Imaginalscheibe machten die Untersucher prinzipiell gleiche Erfahrungen.

Im dritten Larvenstadium der Taufliege *Drosophila* haben sich die verschiedenen Imaginalscheiben in der auf Abb. 21 dargestellten Weise entwickelt. *Auge* und *Antenne* werden in der gleichen Scheibe angelegt, die zu dieser Zeit etwa 0,3 mm lang ist. Hinten (Abb. 24 a_1, Au) entsteht das Auge, vorn die Antenne (At), von welcher im abgebildeten Stadium das mittlere II. und das distale III. Segment, sowie der Endknopf als Anlage der Fühlergeißel (A) sichtbar sind. Die Wülste der Augenscheibe bilden das Kopfchitin, dorsal auch die Ocellen. Aus dem flachen ventralen Bezirk gehen die Augenfacetten hervor.

Schon *im zweiten Larvenstadium,* in welchem noch keinerlei Differenzierungen zu sehen sind, entwickeln sich durch Querteilung erhaltene *Hälften der Augen-Antennenscheibe* (Abb. 24, senkrechter Pfeil) ohne übergreifende Regulationserscheinungen *selbstdifferenzierend* (M. VOGT). Teilt man den *Antennenteil* frontal, mit einem auf Abb. 24 a entsprechend dem waagerechten Pfeil geführten Schnitt, so kann jede Hälfte eine eigene Antenne entwickeln. Diese *Regulationsbefähigung des Antennenteiles nimmt* in Übereinstimmung damit, daß sich in der Mitte des dritten Larvenstadiums die distalen Antennensegmente abgliedern, *nach dem Beginn des dritten Larvenstadiums ziemlich stark ab.* Durch eine Aufteilung der *Augenanlage* lassen sich *im zweiten Larvenstadium die Augenfacetten noch* bis zu 46 % *vermehren.* Ocellen werden nur verdoppelt, wenn der Frontalschnitt relativ weit dorsal geführt ist. Man muß daraus schließen, daß ein *selbständiger Ocellenanlagenbereich* vorhanden ist und zur Ocellenverdoppelung angeschnitten werden muß. Entstehen dabei in einer der Hälften drei Ocellen, so sind sie stets in einem Dreieck angeordnet, wie wenn sie durch zwei bilaterale Imaginalscheiben gebildet wären. *Die Augen-Antennen-Imaginalscheibe enthält bereits im zweiten Larvenstadium früh bestimmte klar gesonderte Organanlagenbereiche, welche vor der sichtbaren Differenzierung ihrer Strukturen in sich regulationsfähig sind.*

Zur Untersuchung der **Differenzierungsmöglichkeiten der Imaginalscheiben,** hier speziell zuerst der Genital-Imaginalscheibe (HADORN, BERTANI, GALLERA), wurden ganze Scheiben oder Abschnitte von ihnen aus dem zweiten bis dritten Larvenstadium gewonnen. Sowohl aus ganzen Scheiben, wie aus Hälften gehen nach Implantation in eine neue Larve vollständig intakte Geschlechtsorgane (Abb. 22) hervor. Eine solche Regulationsleistung erinnert an diejenige der Embryonalentwicklung (II, S. 41 ff.).

In den jüngsten Stadien ist die Regulationsbefähigung am größten. Sie zeitigt am besten dann Erfolge, wenn die Imaginalscheiben in so jugendliche Wirte verpflanzt werden, daß ihnen bis zur Metamorphose noch viel Zeit zur Entwicklung und insbesondere zur Zellproliferation bleibt. Auch wirkt sich die Methode, eine Imago als Transferwirt zu benutzen, natürlich als sehr fördernd aus. *Die Regulation eines Anlagenbereichs* ist demnach *in der Imaginalscheibe eng mit Vergrößerungswachstum durch Zellvermehrung, d.h. einem Regenerations-*

wachstum, verknüpft. Zellteilungen scheinen eine notwendige Voraussetzung für Regulationen zu sein. Nach den bisherigen Untersuchungen beruht die Regulation eines Scheibenfragments zum Ganzen nicht auf unmittelbarer Umordnungsfähigkeit. Sie kann erst eingeleitet werden, wenn regenerativ, durch Ergänzung eines Teilstücks zum Ganzen, eine Blastemgröße erreicht wird, die auch die Ergänzung des angeschnittenen Organs in neu angewachsenem Blastem ermöglicht. *Offenbar werden dabei nur diejenigen Strukturelemente reproduziert, deren Anlagen im Fragment erhalten geblieben sind* (GEHRING). Eine gewisse *Mindestgröße der Anlagenbereiche* scheint Voraussetzung dafür zu sein, daß die Organbezirke bestimmte Entwicklungsvorgänge selbständig durchzuführen vermögen.

Dem Regulationsergebnis sind bei der Methode der larvalen Transplantation deutliche *Grenzen* gesetzt. Aus verpflanzten ganzen oder halben Genital-Imaginalscheiben entwickeln sich die normalerweise paarigen Elemente oft nur in Einzahl. Offenbar war in solchen Fällen die zur Blastemvergrößerung nötige Zeit zu gering bemessen. Bei der Transplantation über imaginalen Zwischenwirt sind die paarigen Elemente stets voll vertreten, da es dann ja niemals am nötigen Blastemzuwachs fehlt. Andererseits vermißt man häufig Paragonien (Abb. 22 Parag) und auch Samenpumpen (Sp.Pumpe). Vielleicht beeinträchtigt das Adultmilieu die Differenzierungsfähigkeit der Anlagenbezirke für diese Weichteile. Als neu erscheint bei dieser Methode eine besondere Tendenz. Es hypertrophiert sehr oft das Analplattenmaterial. An Stelle von zwei Analplatten (Anal-Pl) bilden sich drei bis sechs.

Die in Abb. 23 wiedergegebene seriale Reihen-Explantation von Imaginalscheiben wurde sehr viel weiter geführt als dort dargestellt ist. Von den Transplantaten verblieb dann im Endwirt nicht nur ein Viertel der ursprünglichen Zellpopulation (Endwirt II), sondern – nach 9 Transfergenerationen – $^{1}/_{512}$ und bei weiterer Seriierung ein noch geringerer Bruchteil. Nach dem experimentellen Zwang zu so starker und auf lange Zeit ausgedehnter Zellvermehrung treten nun in späten Nachfolgegenerationen *besondere Differenzierungstendenzen* hervor:

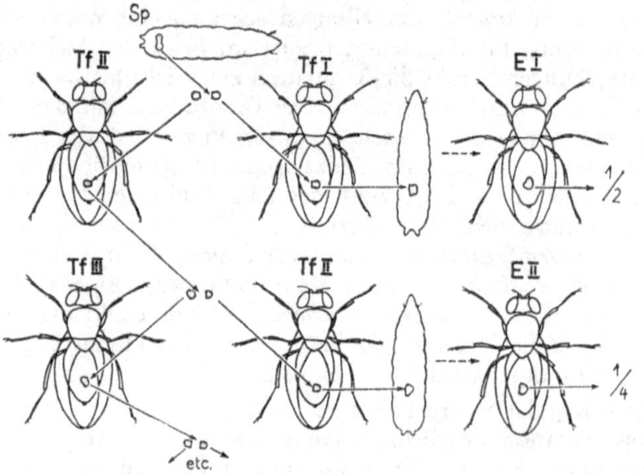

Abb. 23. *Drosophila* (Taufliege). Versuchsanordnung zur serialen Reihen-Explantation von Imaginalscheiben-Fragmenten (HADORN 1963). Die halbierten männlichen Genitalscheiben einer verpuppungsbereiten Spenderlarve *(Sp)* werden einzeln über adulte Transferwirte *(Tf)*, in deren Abdomen sie 6–16 Tage bleiben und zur Normalgröße heranwachsen können, in Larven des späten 2. oder frühen 3. Stadiums implantiert. Dort Metamorphose zum Endwirt *(E)*.

Tf I, Tf II bzw. Tf III = Transferwirte für erste, zweite, bzw. dritte Fragmentation. *Endwirt I* enthält ½ Fragment, d. h. die Hälfte des Materials der Ausgangs-Imaginalscheibe, *Endwirt II* besitzt noch ¼ Fragment usw.

Die erste ist methodisch bedingt. Zumal es von der zweiten Transfergeneration an (Abb. 23 Tf III) nicht gelingt, genau sagittal orientierte Schnitte durch die Scheibe zu führen, fallen mit zunehmender Generationsanzahl immer mehr Elemente des Geschlechtsapparates weg. Dafür hypertrophieren andere. – Das erstaunlichste Ergebnis verlängerter serialer Reihenkulturen in vivo ist jedoch: *Die Differenzierungen der Genital-Imaginalscheiben bleiben nicht autotypisch* (bedeutungseigen), *sondern zunehmend treten auch allotypische* (bedeutungsfremde) *auf*. So erscheinen von der dritten Transfer-Generation ab z. B. neben den Analplatten Kopfdifferenzierungen (Antennen) und Beinteile. In späterer Folge findet man Palpus-Bildungen, von der fünften Generation ab Flügelteile und schließlich mit der neunten Generation Thoraxabschnitte.

Bei diesen allotypischen Differenzierungsfolgen wird der *Richtungssinn* streng eingehalten. So können Flügel und Thorax nicht entstehen, wenn die Blasteme nicht zuvor Antennen, Beine oder Palpen gebildet haben. Auch durch „Direktversuche" ist dies belegt. In diesen setzt man Initialkulturen von Antennenblastemen (GEHRING) oder von Beinblastemen (SCHUBINGER) an. Die Thoraxqualität erscheint als offenbar irreversible Endstufe der Umdifferenzierungen von Imaginalscheiben, während die übrigen bedeutungsfremden Differenzierungen auch reversibel sind. Eine direkte Umdifferenzierung von Analplatte zu Flügel oder Thorax wurde unter Tausenden von Fällen nie beobachtet. Ebenso treten Umdifferenzierungen zu Primordien des Mitteldarmes oder zu anderen inneren Organen niemals ein. Eine Beteiligung von Wirtszellen an den neuen Differenzierungen läßt sich durch die genetische Markierung ausschließen.

Daß diese Allotypien nicht etwa aus umdifferenzierten Reserveblastemen entstehen, sondern wirkliche Umdifferenzierungen bereits differenzierter Zellen sind, belegt GEHRING durch *Klonale Analyse*: Innerhalb etwa einer Augen-Antennen-Imaginalscheibe (Abb. 21, 24 a_1) verwandelt er eine Zelle heterozygoter Konstitution, z. B. *y sn*/+ + (*y* = *yellow,* gelbe Körperfarbe, *sn* = *singed,* versengte Borsten), vermittels Röntgenbestrahlung in eine homozygote *y sn*/ *y sn*-Zelle. Dies kann durch somatische Mutation wie auch somatisches cross-over geschehen. Wenn nach der Adult-Explantation und folgenden larvalen Implantation mit Metamorphose das aus dieser Zelle hervorgegangene Blastem Flügelteile mit *sn*-Borsten bildet, so ist damit sehr wahrscheinlich gemacht, daß diese Allotypien aus den normal der Augen-Antennen-Scheibe zugehörigen Zellen mit ihrer eindeutig bestimmten Differenzierungstendenz hervorgehen.

HADORN bezeichnet eine solche Umdifferenzierung als „Transdetermination". Der Einführung dieses Begriffs liegt der Gedanke zugrunde, daß die Allotypien durch Vorgänge in dem Adult-Milieu, in dem lediglich Zellteilungen stattfinden, bedingt sind, und nicht erst während der Metamorphose manifest werden. Auch werden sie jeweils in einem einzigen abgeschlossenen

Schritt vollzogen. Es gibt keine Zwischenstadien von einer Organbildung zur anderen. Dies spricht für einen einer Sprungmutation ähnlichen Vorgang. Damit würde ein Unterschied zwischen einem Determinations- und einem Differenzierungsstadium zu konstatieren sein (HADORN 1966, S. 496). Die Umbildungen würden auf dem Determinationsstadium stattfinden (vgl. dazu I, S. 174).

Der Richtungssinn der allotypischen Differenzierungen könnte mit der Differenzierungsordnung des Insektenkeimes (II, S. 31) zusammenhängen. Die Differenzierung schreitet im Embryo vom Thorax aus nach vorn und hinten fort, und es besteht ein eigentümlicher Zusammenhang zwischen embryonaler Frühdifferenzierung und Imaginalscheibendifferenzierung. Bei beiden wird die gleiche Differenzierungsfolge sichtbar (SEIDEL, GEIGY). Man kann sich vorstellen, daß die Analscheibe, die sich postembryonal als letzte differenziert, auch in der Allotypiefolge über die weitesten Umbildungsmöglichkeiten verfügt. In dieser Allotypiereihe steht sie am Anfang. Der Metathorax dagegen als postembryonal zuerst differenzierter Körperteil behält, auch wenn er in der Allotypiefolge an letzter Stelle steht, dennoch die der ursprünglichen embryonalen Ausgangsposition zugehörige Entwicklungsqualität bei und tritt als irreversibel determiniert hervor. Erst nach weiteren Experimenten wird es naturgemäß möglich sein, diesen vorläufigen Formulierungen exakten Ausdruck zu verleihen.

Eine Zusammenfassung der experimentellen Erfahrungen über Mosaikentwicklung und Regulation der Imaginalscheiben, wie über ihre Fähigkeit zu Umdifferenzierungen läßt erkennen:

Obwohl man im Explantationsversuch von Scheiben-Fragmenten bestimmte Anlagenbereiche gegeneinander abgrenzen kann, ist dennoch eine Regulation der Teile zum Ganzen möglich. Sie fällt um so besser aus, je umfangreichere Zellproliferationen das Fragment an den Schnittflächen ergänzen. Bei der Differenzierung greifen dann die Anlagen auf neu proliferiertes Blastem über. Natürlich kommen im Experiment durch die Art der Schnittführung vielfach ganze Anlagenbereiche in die Gefahr, abgetrennt zu werden. Sie fallen dann für die weitere Entwicklung und Regulation zum Ganzen aus.

Wenn Umdifferenzierungen dieser Anlagenbereiche einerseits mit Proliferationen der Zellen, andererseits mit Änderung des Zustandes dieser Zellen einhergehen, so wird man fragen, wie weit und in welcher Form Blasteme durch starke Proliferationstätigkeit ihrer Zellen abgeändert werden können. Reversible Umdifferenzierungen einer Zelle, die man durch imaginale Zwischenkultur und anschließende in vivo-Metamorphose erzielen kann, lassen die Wirksamkeit extrazellulärer hormonaler Einflüsse als möglich erscheinen. Sie könnten auf Änderungen im Kontrollsystem der Genaktivierung beruhen (vgl. S. 71 ff.) und sich von Generation zu Generation weiter erhalten. Starke Zellproliferation vermag eine differentielle Verteilung zytoplasmatischer Konstituenten, die zunächst in einem Zellsystem vereinigt sind, hervorzurufen. Dadurch könnte das Anlagenmuster in den Imaginalscheiben umgebildet werden. Entsprechend würde schon das normale Muster entstanden sein. Vergleichsweise geschieht in der Embryonalentwicklung durch die Furchungsteilungen eine Segregation ooplasmatischer Faktoren, allerdings vorwiegend beim stark differenzierten Eitypus (I, S. 71).

Wie auf diese Weise in den Embryonalstadien und in den Imaginalscheiben ein sinnvolles Organmuster hergestellt wird, bleibt naturgemäß zunächst unverstanden. Die jeweilige Richtungsorganisation entspricht derjenigen der Körpergrundgestalt.

Für eine Reihe von Adultorganen, Genitalorganen, Augen, Antennen, Flügel, Extremitäten der holometabolen Insekten sind *Genmutationen* bekannt, die vielerlei kleine Abänderungen dieser Organe bedingen. So besteht Anlaß, über das **Eingreifen von Genen in die Imaginalscheibenentwicklung** Untersuchungen anzustellen. Nach dem Vorbild von HAECKER (1918) geschah dieses zuerst auf formwechselphysiologischer Ebene mit Methoden der Phänogenetik durch KÜHN und HENKE (1929–1936):

In manchen Fällen ist es möglich, bei Genmutationen Aussagen über die *Phänokritische Phase* (HAECKER) zu machen,

d. h. über den Gabelpunkt in der Entwicklung, an welchem die Mutante erste Zeichen einer Abänderung von der Norm phänotypisch aufweist. Raumzeitliche Lokalisierung dieser Phänokritischen Phase läßt das Stadium erkennen, bis zu dem das mutierte Gen seine Wirkung entfaltet haben muß. Der Entwicklungsvorgang ist zu beschreiben, an dessen Abänderung das mutierte Gen beteiligt ist. Den entsprechend erschließbaren normalen Verlauf muß dann das zugehörige +Gen bedingt haben. – Vielfach kann das mutierte Gen eine Entwicklungsänderung nur unter bestimmten Außenbedingungen und besonders zu **bestimmten sensiblen Perioden** (I, S. 137) verwirklichen, zu denen diese Außenbedingungen verfügbar sein müssen. In solchen Fällen gibt die leicht feststellbare zeitliche Ausdehnung der sensiblen Perioden Hinweise auf den mutmaßlichen Zeitpunkt für das Eingreifen des mutierten Gens bzw. des zugehörigen +Gens. – Wenn sich in besonders günstigen Fällen die mutative Abänderung des Entwicklungsverlaufs durch Außenfaktoren wieder ausgleichen läßt, dann gewinnt der Untersucher über die Feststellung der sensiblen Periode für Außenfaktoren sowie der Phänokritischen Phase der Gene hinaus zusätzlich noch ein Modell von der Art der Genwirkung selbst (I, S. 22). Umgekehrt kann bei einem Wildtypus durch Veränderung der Temperatur, der Ernährung, des Außenmediums eine *Phänokopie* (I, S. 137) der Mutation erreicht werden, was dann zu bestimmten Vorstellungen über die Wirkung des +-Gens berechtigt.

Der besondere Reiz solcher Untersuchungen liegt darin, daß neben den Feststellungen über Zeit, Ort und möglicherweise Art der Genwirkung besonders diejenigen Verhältnisse zur Beobachtung kommen, die das Reaktionssystem zur Zeit der Genwirkung aufweist. So soll zunächst eine **formwechselphysiologische Kennzeichnung des Reaktionszustandes der Imaginalscheiben im Stadium der Genwirkung** versucht werden.

Die Augen-Antennen-Imaginalscheibe wurde zu solchen Experimenten vielfach herangezogen (M. VOGT):

Bei der Genmutation des dritten Chromosoms *Deformed-recessive-Luers* (Abgeänderte Facettenzahl) treten – insbesondere in Verbindung mit der Genkombination aus dem X-Chromosom: *echinus, cut* – in hohem Prozentsatz *Antennen*verdoppelungen auf, falls die Larven entweder unmittelbar nach dem Schlüpfen in erniedrigter Temperatur von 16 °C oder in der ersten Hälfte des dritten Stadiums, während welcher die Augen-Antennen-Imaginalscheibe ja noch die Fähigkeit zur Regulation besitzt, in 25 °C gehalten werden. Unter dieser letztgenannten Außenbedingung ruft das mutierte Gen am Antennenteil der Imaginalscheibe zusätzliche Wachstumsprozesse hervor. In ihrer Folge macht sich oft neben einer allgemeinen Vergrößerung der Scheibe und außerdem verstärktem Wachstum in der Vorn-Hinten-Richtung (= Längsrichtung) die Bildung einer schräg von dorsal nach ventral, in Abb. 24 c_1 senkrecht zur Bildebene verlaufenden Falte bemerkbar. In dieser kann dann eine zweite Antennenanlage erscheinen (Abb. 24 $c_{1,2}$, At). Die Falte ist in Abb. 24 c_1, um sie besser sichtbar zu machen, in die Bildebene verlagert.

Die besonderen Temperaturbedingungen sind erst durch die Mutation erforderlich geworden. Die sensiblen Perioden ihres Einflusses auf das Scheibenwachstum dürften zugleich die sensiblen Perioden der Genwirkung sein. Daß diese in der Zeit liegen, in der die Imaginalscheibe noch regulieren kann, ist besonders bedeutsam: *Die Regulationsfähigkeit des Systems kennzeichnet entwicklungsphysiologisch den Zustand der Imaginalscheibe, in welchem das Gen unter den zugehörigen Temperaturbedingungen seine wachstumsfördernde Wirkung entfalten kann.* Wie bei der Genital-Scheibe (S. 79, 82 f.) bleibt hier die *Regulationsbefähigung an Wachstum gebunden. Dieses Wachstum aber ist,* wie in diesem Fall gezeigt wird, *genbedingt.* Über die Norm vergrößerte Antennen traten nie auf. Die Vermehrung des Bildungsmaterials führte jedoch dazu, daß stets die medianen (vorderen) Antennenpartner der Doppel- oder Dreifachbildungen von normaler Größe waren, die seitlichen dagegen auch kleiner sein konnten. So liegt die Erklärung nahe, daß in der vergrößerten Antennenscheibe entsprechend der mediolateralen Differenzierungsordnung (II, S. 31) zunächst Antennenfelder normaler Ausdehnung sich organisieren und dann je nach der Menge überschüssigen Scheibenblastems noch weitere

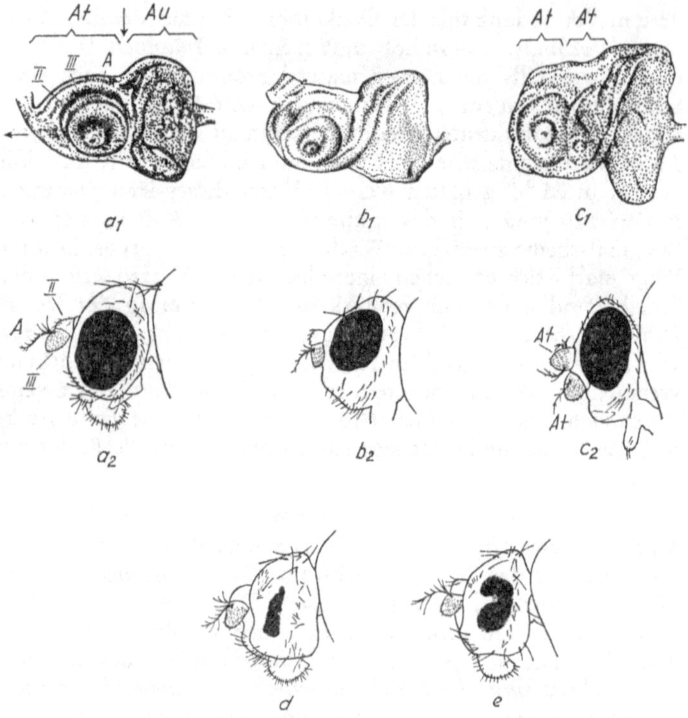

Abb. 24. *Drosophila* (Taufliege). Augen-Antennen-Imaginalscheiben im dritten Larvenstadium und ihre genetische sowie entwicklungsphysiologische Beeinflussung (zusammengestellt nach Versuchen von (a-c) M. VOGT (1947) und (d, e) BUTENANDT (1946)

a_1) Normale Imaginalscheibe der Wildform. Vorn (links) Antennenteil mit Ringwulst und Endknopf, hinten (rechts) Augenscheibe mit Sehnerv. a_2) normales Auge mit Antenne. b_1) Imaginalscheibe der Mutante *sc ec ct; Dfd r-L* (abgeänderte Facettenzahl mit gehemmtem Flächenwachstum des ventralen Teiles der Augenscheibe). b_2) Auge dieser Mutante mit Ventralverkürzung. c_1) Imaginalscheibe einer gleichen Mutante mit Doppelbildung der Antennenanlage und vermehrtem Flächenwachstum der ventralen Augenscheibe. c_2) In Längsausdehnung verschmälertes Auge und Antennenverdoppelung bei der gleichen Mutante. d) Auge der homozygoten Mutante *B* (♀ Bandauge). e) Auge einer gleichen Mutante nach Fütterung der Larven mit Fliegenpuppenextract

At Antenne, Antennenteil der Imaginalscheibe. *II, III* Segmente derselben. *A* Arista (Fühlergeißel). *Au* Augenteil. Der linke Pfeil zeigt nach vorn. Die Frontalebene liegt in der gleichen Richtung senkrecht zur Zeichenebene

Restfelder entstehen können. *Das Gen Deformed*$^{r-L}$ *beeinflußt* lediglich *die Bildung von Zellmaterial,* nicht jedoch die Organfeldgröße.

In den gleichen temperatursensiblen Perioden, in denen das Gen *Deformed*$^{r-L}$ im Antennenteil Einfluß gewinnt, wirkt es auch auf den *Augen*teil der Imaginalscheibe. Bei Kältewirkung von 16 °C am Beginn der Larvenentwicklung wird der Querdurchmesser der ventralen Augenscheibenhälften gegenüber der Norm (Abb. 24 a_1, b_1) verkleinert. Dagegen vergrößert er sich, wenn der Kältereiz erst während des dritten Larvenstadiums erfolgt. Entsprechend sinkt im ersten Fall die Zahl der Facetten von etwa 575 auf etwa 475 (Abb. 24 b_2), und steigt im zweiten Fall auf 625 an.

Das Gen *Deformed* $^{r-L}$ übt also im ventralen Teil der *Augenscheibe* eine einseitig gerichtete polare Wirkung auf das Breitenwachstum aus, das sich bei spät einsetzender Kältereizung fördernd äußert. Wenn im Gegensatz dazu beim *Antennenteil* das allgemeine und Längenwachstum im späteren Stadium gerade durch erhöhte Temperatur gefördert wurde, so weist dieser Unterschied auf *spezifische Verschiedenheiten im Reaktionssystem des Augen- und des Antennenteils innerhalb der gemeinsamen Imaginalscheibe hin. Durch die Mutation ist dem Gen der Wildform Dfd*$^{r-L+}$ *die Fähigkeit zur eindeutigen von Außenbedingungen unabhängigen Wachstumsbeeinflussung verlorengegangen. Die Art des Scheibenwachstums richtet sich bei Dfd*$^{r-L}$ *nach der Zellstruktur des Reaktionsgewebes, dem Entwicklungszustand und spezifischen Außenfaktoren.* Dem +Gen muß man die Fähigkeit zuschreiben, daß es die Wachstumsgröße einzelner Teile der Imaginalscheibe zu beeinflussen vermag. Die Augen-Antennenscheibe erhält im Normalfall ihre Formprägung, weil die einzelnen polar strukturierten Zellen bei geeigneten Umweltbedingungen *durch Reaktion ihres +Gens eine bestimmte größere oder geringere Wachstumsintensität* in einer Richtung entfalten, die sich in den Teilungsraten zu erkennen gibt.

Von verschiedenen *Drosophila*-Rassen, bei welchen die Facettenzahl im Auge verändert ist, unterscheidet sich die Mutante

Bar (Bandauge) dadurch, daß die *temperatursensible Periode in einem etwas späteren Entwicklungsstadium,* in dem Beginn der letzten Hälfte des dritten Larvenstadiums liegt, in welchem diejenige der Mutante Dfd^{r-L} sowie die Regulationsbefähigung von Scheibenteilen bereits abklingen (M. Vogt). *Entsprechend besitzt die sensible Periode für Bar eine andere Bedeutung.* Bei dieser Mutante sind unter normalen Umweltbedingungen die Augen bis auf ein in ihrer Mitte von vorn nach hinten ziehendes Band verkleinert (Abb. 24 d). Temperaturerniedrigung vermehrt, Erhöhung der Temperatur vermindert die Anzahl der Facetten, jedoch ohne daß sich in diesem Stadium die Größe der larvalen Augenscheibe noch verändern könnte. Nur die Ommatidien sind noch nicht differenziert. Es verschieben sich innerhalb der Augenscheibe die Grenzen des facettentragenden Bereichs genau so, wie sich auch beim Wildtypus in gleichsinnigem, allerdings nur sehr abgeschwächten Maße durch Temperaturänderungen die Ommatidienanzahl modifizieren läßt.

Eine der Temperaturerniedrigung gleichlaufende Wirkung kann durch Fütterung von *Bar*-Larven mit Extrakt aus Schmeißfliegenpuppen erzielt werden. Je größer die Extraktkonzentration, um so mehr Facetten werden ausgebildet (Abb. 24 e). Ein solcher „Anti-*Bar*-Stoff", der ja auch in Wildlarven vorhanden sein müßte, kann jedoch nicht eine volle Phänokopie des Normal-Auges herstellen (Butenandt). *Bar*-Augenscheiben erscheinen bereits am Ende des zweiten Larvenstadiums relativ kleiner als die normalen und geben, in Larven der Wildrasse transplantiert, imaginale Bandaugen (Steinberg). Die kleinen *Bar*-Imaginalscheiben wachsen mit gleicher Geschwindigkeit wie die normalgroßen des Wildtyps. Die Chromosomenstückverdoppelung, die dem *Bar-Faktor* zugrunde liegt, muß bereits in früheren Stadien zur Wirksamkeit gelangen. Die stofflichen Agentien brauchen daher nicht notwendig an der gleichen Stelle im Entwicklungsprozeß anzugreifen, wie es der chromosomal mutative und daher zweifellos sehr komplexe Faktor tut. Vielmehr wird man schließen, daß er nach Art der musterbildenden Faktoren auf die Abgrenzung des Facetten erzeugenden Areals Einfluß nimmt (vgl. S. 96).

Sehr gut ergänzt werden die bisherigen Angaben durch Experimente an der Flügelimaginalscheibe von Wildtieren und Mutanten der *Drosophila*. Die Formgestaltung der *Drosophila*-Flügel kann während des Auswachsens der Scheibe im Puparium durch Hitzeschocks, welche man in aufeinanderfolgenden Stadien anbringt, verschieden beeinflußt werden (Henke). Nach Reizung in der Vorpuppe während einer Periode lebhafter Mitosen auf der Flügelscheibe entstehen, offenbar durch Hemmung längsgestellter Mitosen, plumpe Flügel. Sie entsprechen in der Form denen der Mutante *broad* (*br*, breiter Flügel, Abb. 25 b_1, b_2). Man kann sie als *Phänokopien* bezeichnen. Die sensible Periode für die Erzeugung der plumpen Flügelmodifikation läßt sich ihrem zeitlichen Auftreten nach mit der phänokritischen Phase der Mutante, d. h. dem Gabelpunkt in der Entwicklung, an welchem die Mutante erste Zeichen einer Abänderung von der Norm phänotypisch aufweist, vergleichen. – Zur Zeit der Bildung der Puppe stülpt sich die Flügelanlage aus. Sie bläht sich zunächst sehr stark auf und kontrahiert sich dann wieder, während zugleich die Ausbildung des Geäders einsetzt, die Gelenkregion sich einschnürt und die Flügelspitze ausgeformt wird. Der Kontraktionsvorgang hat insofern formbildende Bedeutung, als er die Gestalt der Zellen in bestimmten Flügelbereichen abwandelt

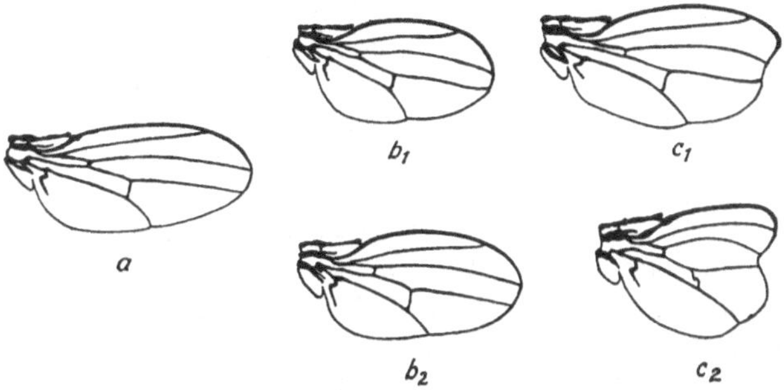

Abb. 25. *Drosophila* (Taufliege). Flügelmutationen und ihre durch Hitzeschock erzeugten Phänokopien (nach HENKE 1948)
a) Wildform. b_1) Mutation *br* (breit). b_2) Phänokopie dazu. c_1 Mutation *dp* (abgestutzt) mit c_2) Phänokopie

und dadurch den Flügelumriß ändert. Ein Hitzeschock in dieser Periode ergibt einen abgestutzten Flügel, der der Mutation *dumpy* (*dp*) mit vergleichbarer phänokritischer Phase als *Phänokopie* an die Seite gestellt werden kann (Abb. 25 c_1, c_2). *Diese Hitzemodifikationen ahmen formal die Mutanten nach* (vgl. Bd. I, S. 137), ***und ihre sensiblen Perioden fallen mit phänokritischen Phasen der Mutanten zusammen.*** *Daraus ergibt sich ein Hinweis auf die Wirkungsweise der zugehörigen +Gene.* Sie sind am Ablauf der betroffenen Formungsvorgänge des Flügels, dem Zellwachstum, den Streckungs- und Kontraktionsprozessen der Blastemschichten beteiligt.

Der Reaktionszustand der Einzelzelle bei der Musterbildung auf dem Insektenflügel, der insbesondere für Schmetterlinge untersucht wurde (Kühn, Henke), muß nicht nur hinsichtlich der Pigmentierung, sondern zugleich nach der Form- und Strukturbildung der mustertragenden Zellen, der Flügelschuppen, beurteilt werden.

Diese entstehen durch eine genau gekennzeichnete differentielle Zellfolge (Abb. 26). Schuppenstammzellen (Abb. 26 a, f, S.St) lassen aus sich nach Abschnürung einer degenerierenden Zelle Balgbildungs- (B) und Schuppenbildungszellen (S) hervorgehen (Abb. 26 c, d). Letztere sproßt den Schuppenfortsatz (Abb. 26 e). Je nachdem, ob sich eine Deck-, Mittel- oder Tiefenschuppe ausbildet, wird die Zahl der innerhalb der Schuppenbildungszelle ablaufenden Endomitosen vermehrt oder vermindert, und die Schuppe wächst gleichsinnig mit der vorhandenen Chromosomenzahl, allerdings nicht unmittelbar abhängig von ihr (vgl. I, S. 121). Deck- und Mittelschuppen sind zur Aufnahme von Pigmenten geeignet. Sie liegen in Querreihen über den Flügel verteilt (Abb. 26 g) und haben zwischen sich um so weniger Epithelzellen, je größer sie sind.

Die Schuppenstammzellen (Abb. 26 a, f, S.St) trifft ein entscheidender *Induktionsvorgang für die Ausbildung des Farbmusters* (Kühn und M. v. Engelhardt): Der Bildungsbereich des Symmetriefeldes breitet sich bei der Mehlmotte *Ephestia* von je einem Zentrum am Vorder- und Hinterrand des Flügels zuerst in Richtung auf die Flügelmitte und von dort aus nach der Spitze und der Basis hin aus (Abb. 27 g). Dieses geschieht in der Zeit von 36–72 Std. (18 °C) nach Beginn der Puppenruhe. Kleinen kurz vorher gesetzten Brenndefekten weicht das Symmetriesystem aus (Abb. 27 d–f). Sein vorderer und hinterer blastematischer Faktorenbereich können an der Vereinigung gehindert (e) oder ganz ausgeschaltet werden (f). Während der Ausbreitung angebrachte Defekte stören den Vorgang oder legen ihn in irgendeinem Stadium fest (h, i). 72 Std. nach Beginn der Puppenruhe und später beeinflussen Defekte die Lage des Symmetriefeldes nicht mehr. Durch allgemeine Hitzeschocks kann man in der Zeit vor der Ausbreitung des

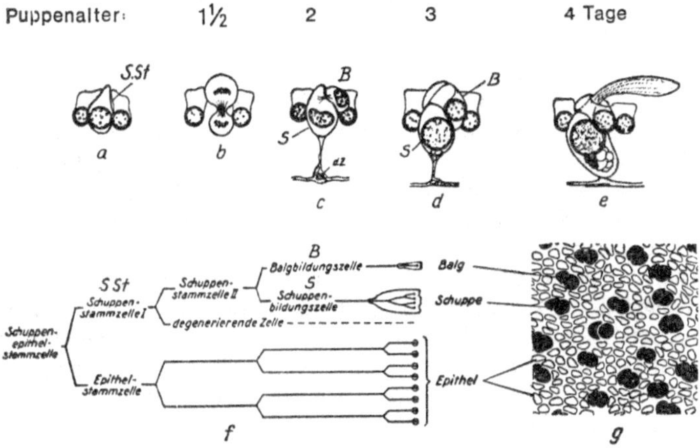

Abb. 26. *Ephestia* (Mehlmotte). Zellvorgänge auf der Flügelimaginalscheibe zur Differenzierung von Schuppenfortsatz und Schuppenbalg (nach M. STOSSBERG [a–e] und HENKE 1946 [f–g] aus SEIDEL 1952)

a) Schuppenstammzelle und zwei Epithelzellen. b) Differentielle Mitose zur Abgabe der degenerierenden Zelle *(dZ)* 40–72 Std. (18° C) nach Beginn der Verpuppung c) Balgbildungszelle (oben rechts) und Schuppenbildungszelle (48–96 Std.). d) Umwachsung der Schuppenbildungszelle durch die Balgbildungszelle. e) Schuppenfortsatzbildung (96–120 Std.). f) Zellteilungsfolge zur Erläuterung von a–c bis zur Bildung eines Schuppenepithelverbandes mit dreizelligem Schuppenapparat und achtzelligem Epithelbezirk im Hinterflügel. g) Anordnung der Schuppen- und Balgbildungszellen (schwarz) zwischen den gewöhnlichen Epithelzellen auf dem Puppenhinterflügel

B Balgbildungszelle. *dZ* degenerierende Zelle. *E* Epithelzelle. *S* Schuppenbildungszelle. *S.St* Schuppenstammzelle

Feldes eine Symmetriefeldverengung (Abb. 27b), in der Zeit während der Ausbreitung eine Verbreiterung (Abb. 27c) entstehen lassen. Entsprechende Wirkungen entfalten mutierte Gene. *Sy* verkleinert, *Syb* vergrößert das Feld. Zugleich mit der Einschränkung bedingt das Gen *Sy*, wie aus Brennversuchen an +/*Sy*-Tieren erschlossen werden kann, auch eine Verlangsamung des Ausbreitungsvorgangs, als ob er beim Anhalten vor der normalen Grenze abgebremst würde. Hitzeschocks und Gene beeinflussen den gleichen Entwicklungsvorgang in gleicher Weise. Ob sie aber, wie die frühe Brennwirkung (Abb. 27d–f), auch am Reaktionsblastem eingreifen oder aber am Ausbreitungsagens selber, wird sich erst aussagen lassen, wenn über die Natur des Ausbreitungsvorgangs Genaueres bekannt ist.

Solche von bestimmten Zentren ausgehenden überzelligen Agentien, durch deren Ausbreitungsbewegung ein bestimmtes Verhältnis zwischen der Gesamtgröße des Flügels und der Art der Feldgliederung hergestellt wird, *erfüllen einzelne Bereiche der Flügelfläche ohne Rücksicht auf das vorhandene Zellmosaik und vollziehen in den Schuppenstammzellen* (Abb. 26, S.St) *eine Reihe von Entwicklungsreaktionen*: Fähigkeiten für die Ausbildung eines bestimmten Form- und Strukturcharakters, welcher für helle und dunkle Schuppen verschieden ist, werden aktiviert; die Zellen werden aufnahmebereit für bestimmte Pigmente. In welcher Weise solche Reaktionen geschehen, bleibt weiterer Untersuchung vorbehalten. Im einzelnen können die Formbildungs- und Pigmentierungsvorgänge noch in den weiteren Entwicklungsstadien experimentell abgeändert werden. *Die Schuppenzelle enthält verschiedenste Differenzierungsmöglichkeiten und bedarf nach der ersten Ausformung für eine bestimmte Entwicklungslinie noch der verschiedensten Faktoren, um den Endzustand* über die folgenden Stadien *zu erreichen*: Am fünften Tage nach Beginn der Verpuppung ist der in die Länge wachsende Schuppenfortsatz (Abb. 26e, 28a, b, g1) keulenförmig, im Querschnitt rund. Am sechsten Tage plattet er sich zur Spatelform ab, dabei in die Breite wachsend (Abb. 28c, gI). Nach Anlage der Randzacken und Rippen erfolgen ein sekundäres Längenwachstum (g2) und ein sekundäres Breitenwachstum (gII) (KÜHN).

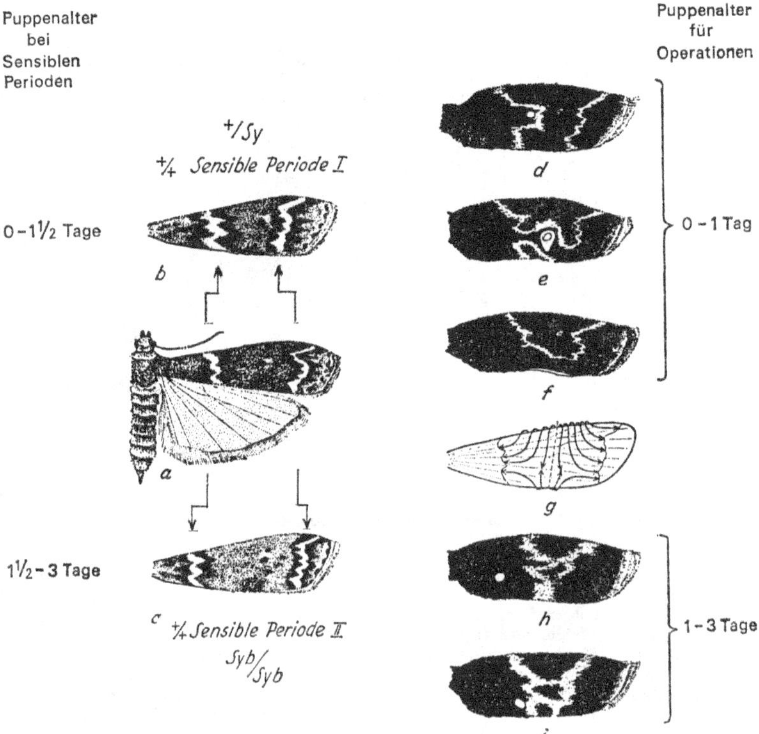

Abb. 27. *Ephestia* (Mehlmotte). Mutationen der Symmetriefeldgröße und ihre durch Hitzeschock erzeugten Phänokopien, sowie Ergebnisse von Brennversuchen zur Aufklärung des Vorgangs der Symmetriefeldbildung bei der schwarzen Rasse (zusammengestellt nach KÜHN 1936, 1939)

a) Wildform. b) Symmetriefeldverengung bei der Mutante *Sy* und ihrer Phänokopie durch Hitzeschocks 0–36 Std. (18° C) nach Beginn der Verpuppung (sensible Periode I). c) Symmetriefeldverbreiterung durch die Mutante *Syb* und ihre Phänokopie durch 36–72 Std. nach Verpuppung angebrachte Hitzeschocks (sensible Periode II). d–f) Erfolge von Brennungen im Puppenalter von 0–24 Stunden (zur Zeit der sensiblen Periode I). g) Schema des Ausbreitungsvorgangs. h–i) Operationen im Puppenalter von 24–72 Stunden (18° C, zur Zeit der sensiblen Periode II). d–i) Herauspräparierte Puppenflügel

Wird die Schuppenzelle während der ersten Teilungen (Abb. 26 a–d) oder am Anfang des Auswachsens der Schuppen-

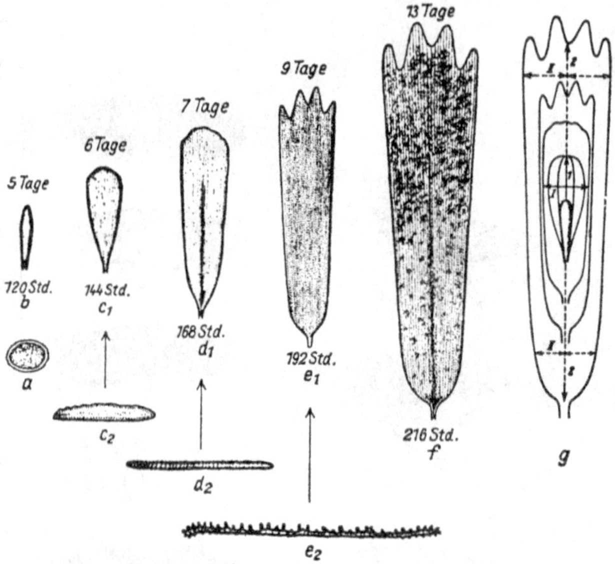

Abb. 28. *Ephestia* (Mehlmotte). Entwicklung der Schuppe vom keulenförmigen Plasmafortsatz der Bildungszelle bis zum ausgewachsenen Zustand mit beginnendem Plasmazerfall (nach M. STOSSBERG 1937 und KÜHN 1948 aus SEIDEL 1952) a–f) Oberflächenbilder und zugehörige Querschnitte. Zeitangaben nach Beginn der Verpuppung (18° C). g) Schema der Wachstumsphasen einer Deckschuppenanlage. 1 Primäres Längenwachstum am Ende des Schuppenfortsatzes, 2 Sekundäres Längenwachstum, Flächenwachstum. I Abplattung und primäres Breitenwachstum, II sekundäres Breitenwachstum (Flächenwachstum nach Anlegung der Rippen)

fortsätze im Keulenstadium (Abb. 26 e, 28 b) durch Hitzereizung gestört (5. Tag), so kann vollständiger Schuppenverlust eintreten. Andernfalls wird der Wachstumsvorgang aufgehalten, und es entstehen Zwergschuppen, welche nicht über das Keulenstadium hinauskommen (Abb. 29 a, b). Sie vollziehen lediglich die Verbreiterung, so daß ihre wenigen Rippen normale Stärke und normalen Zwischenraum besitzen. Durch solchen Reiz können auch Störungen im gleichmäßigen Wachstum der Keule eintreten. Ihre Oberflächenschicht zerreißt, und auf dem Plasma, welches nach außen dringt, differenziert sich eine neue Rindenschicht. Die so entstehenden Fortsätze sind mehr oder weniger stark vom Hauptkörper der Schuppe abgegliedert.

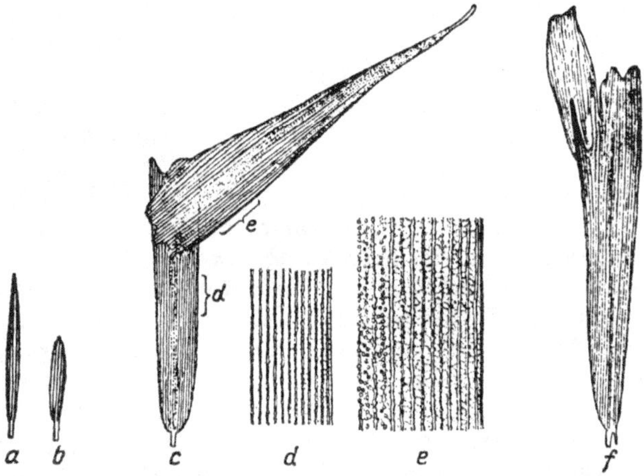

Abb. 29. *Ephestia* (Mehlmotte). Zwerg- und Doppelbildungen von Schuppen nach Hitzereizungen in verschiedenen Stadien der Puppe (nach KÜHN 1948)
a), b) Zwergschuppen. Reizungsalter 108–114 Std. (18° C). c) Doppelbildung einer Deckschuppe mit Polaritätsumkehr der apikalen Teilschuppe. Reizungsalter 102–108 Std. d), e) Die in c) bezeichneten Abschnitte zur Darstellung der unterschiedlich herabgeminderten Strukturausprägung. d) Tiefenschuppenstruktur. e) Mittelschuppenstruktur. f) Polaritätsrichtige Doppelbildung mit einheitlicher Struktur. Reizungsalter 132–144 Std.

Ihre Apical-basal-Polarität kann gegenüber der des Hauptkörpers umgekehrt sein, so daß der Fortsatz und Hauptkörper spiegelbildliche Doppelbildungen darstellen (Abb. 29 c). In seltenen Fällen ist auch die Ober-Unterseiten-Polarität invertiert. Hinsichtlich der Struktur und Pigmentierung erhalten die Fortsätze geringere Ausbildungsgrade, wie sie normalerweise den kleineren Schuppen der tieferen Schichten zukommen. Meist zeigt die apikale Teilschuppe einer präsumptiven Deckschuppe die Struktur einer Mittelschuppe, die basale Teilschuppe Tiefenschuppenstruktur (Abb. 29 e, d) und entsprechend zugehörige Pigmentierung. Demnach sind *im Keulenstadium der Schuppe die gesamte Richtungsorganisation wie auch die Oberflächenstruktur noch abänderbar.* – Mit zunehmender Abflachung des Fortsatzes zum Spatelstadium (Abb. 29 c, zweite Hälfte des 6. Tages) lassen sich durch Hitzereizung nur noch Doppelbildungen mit gleichgerichteter Polarität auslösen (Abb. 29 f), oder Schuppenkörper mit irgendwie gestalteten Auswüchsen hervorrufen. Bei beiden sind nunmehr Oberflächenstruktur und Pigmentierung einheitlich entsprechend dem präsumptiven Charakter der Schuppe angelegt. *Die Polarität der Struktur hat sich mit dem Übergang zum Spatelstadium deutlicher ausgeprägt. Das Rippensystem wird durch eine Längsorientierung des Materials in der sich verfestigenden Rindenschicht des Plasmas vorbereitet, ist aber einstweilen noch abzuändern. – Die Form der ganzen Schuppe bleibt bis zum Ende des Spatelstadiums, solange primäres Wachstum das System in Bewegung hält, plastisch: Längen- und Breitenwachstum lassen sich einzeln, je nach der Wachstumsphase, beeinflussen.* Ersteres kann gehemmt und gesteigert, letzteres gehemmt werden. – Erst im Stadium des sich vergrößernden Spatels (Abb. 28 d_1, g, Ende des 7. Tages), nach dem Beginn des flächenhaften Streckungswachstums, gewinnt die Zelle soviel *Festigkeit durch die Strukturbildung in der Oberflächenschicht und die Verstrebungen im Innern* (Abb. 28 d_2), daß sich durch Hitzereize Formveränderungen nicht mehr erreichen lassen. – Die *Ausfärbung* der Schuppe geschieht erst am 17. Tage und vollzieht sich entsprechend dem Typus der vorhandenen Struktur. *Hitzereize können* noch kurz vorher *den Verlauf des Pigmentierungsvorgangs durch Umformung des Melanin aufnehmenden Chitins beeinflussen* und den Flügel verdunkeln.

Daß unter den abnormen Bedingungen des Experiments Form-, Struktur- und Pigmentierungsmerkmale unabhängig voneinander zu verändern sind, zeigt, wie die sie bedingenden Vorgänge innerhalb der Bildungszelle an unterschiedlichen Bildungsorten anheben müssen. Solange die Zelle in allen Teilen wächst und dadurch in sich beweglich bleibt, werden die Einzelprozesse gemeinsam in einer sie bindenden harmonischen Ordnung gehalten. *Auch hier sind Gene in den Entwicklungsstadien, in denen sich das System als Ganzes als regulatorisch erweist, mit an den stattfindenden Reaktionen beteiligt.* Dies läßt sich an den Auswirkungen des mutierten Gens *vd* (verdunkelt) aufweisen. Dieser Genotypus zeichnet sich durch eine umschlagende Modifikabilität aus, welche in mehreren

Stufen zum Wildtypus heranführt. Bei starker Wirkung können Schuppen- und Balgbildung vollkommen unterbunden werden. Viele Schuppen sind sehr im Wachstum gehemmt und entwickeln sich zwergartig. Bei mittelstarker Wirkung treten immer noch Formveränderungen auf. Die Schuppen sind endwärts verschmälert. Die Endzacken bleiben aus. Vor allem aber wird die normale Struktur-Pigment-Korrelation durchbrochen. Pigment lagert sich in Schuppen von der Struktur heller Farbtypen ein, in denen es sonst nicht vorkommt. So verdunkelt sich der Flügel. Bei geringen Wirkungsgraden bleiben lediglich die Schuppen ziemlich einheitlich linealförmig und lassen den Formunterschied zwischen hellen und dunklen Schuppen vermissen. Demnach entsprechen in gewisser Weise die starken Wirkungen von *vd* denen früher Hitzereize – Unterdrückung oder Hemmung des Wachstums –, die schwächeren denen späterer Hitzereize – geringe Formänderung und Verdunkelung –. Da jedoch der Rippenverlauf bei den dunklen Tieren der Mutation *vd* keinerlei Störungen zeigt, während bei der modifikatorischen Verdunkelung, welche durch Hitzereizung im Stadium des sich vergrößernden Spatels (vom 7. Tage an) eintritt, die Rippen verzerrt sind, so muß das Gen bereits in der Regulationsperiode vom Keulen- bis zum Spatelstadium (Abb. 28 a–c), also zeitlich v o r der sensiblen Periode der Hitzemodifikation wirkungsbereit gewesen sein. Das Gen wird in einen Vorgang eingegriffen haben, der bereits die Formbildung der Schuppe betrifft und sich dadurch auch noch in der viel später eintretenden Pigmenteinlagerung in das Schuppenchitin äußert. *Die unterschiedlichen Stufen der Gen-Wirkung aber werden offenbar durch ihr Eingreifen in verschieden weit fortgeschrittene Vorgänge der Formbildung bedingt.* Starke Abänderungen kommen bei früherem, schwache bei späterem Eingreifen zustande.

Der steinige experimentelle Weg, der von diesen phänogenetischen Versuchen aus auf unmittelbar **substanzwechselphysiologische Analysen der Genwirkung innerhalb einer Organzelle** führte, sei im folgenden geschildert.

Genwirkungen innerhalb einer Organzelle wurden **am Beispiel eines sehr späten Stadiums der Augenentwicklung**, der

Augenpigmentierung, zum ersten Male näher aufgeklärt. Gleichzeitig ließen die Versuchsergebnisse erkennen, daß die Genwirkungen auch die Grenzen der Zellen überschreiten. Das Pigment entsteht nach der Bildung der Cutikularlinsen in der zweiten Hälfte der Puppenruhe.

Die substanzwechselphysiologischen Experimente an diesen Objekten (Kühn, Butenandt 1937) bereiteten mit ihrer molekularbiologischen Fragestellung für gleichartige Experimente an niederen Organismen, *Neurospora* (1941), Bakterien, Viren, den Weg, der bei Benutzung solcher relativ leicht zu handhabender Objekte innerhalb von zwei Jahrzehnten sehr schnell zu epochalen Ergebnissen führen sollte (Bd. I, S. 28 f., 31). Dennoch behalten die vorliegenden Untersuchungen an Organen höherer Tiere als solche ihren Wert. Sie werden auch, allen experimentellen Widerständen und der Verwickeltheit ihrer Reaktionsabläufe zum Trotz, stetig mit großer Zähigkeit fortgeführt. Denn schließlich eröffnet ja gerade die Beschäftigung mit den höheren Organismen eine große Anzahl von Fragen der allgemeinen Biologie, deren entwicklungsphysiologische Seite bewältigt werden muß.

Den Anstoß erhielten die Untersuchungen durch die *Analyse pleiotroper Genwirkung* an der Mehlmotte *Ephestia* (Kühn, Caspari, Plagge). Die schwarzäugige Wildrasse (a^+) und die rotäugige Mutante (a) unterscheiden sich gleichzeitig durch eine Reihe weiterer Farbmerkmale. Hirn, Raupenaugen, Raupenhaut, Hoden der a^+-Rasse sind pigmentiert, während diese Teile bei a-Tieren farblos oder fast farblos sind. Setzt man einen pigmentierten a^+-Hoden in eine a-Raupe vorletzten Stadiums ein (Abb. 30 a), so bringt ein von diesem abgesonderter Wirkstoff Augen, Hoden und Raupenhaut der unpigmentierten a-Rasse zur Ausfärbung (b). Entsprechend nehmen auch Augen, Gehirn und Hoden des a-Schmetterlings das Pigment auf (c). Bei der reziproken Transplantation von a-Organen in a^+-Wirte färben sich die a-Implantate aus (Abb. 30 d, e). Die Zellen der Augen-, Gehirn- und Gonadenanlage wurden als Produzenten dieses vom Gen a^+ abhängigen Wirkstoffes festgestellt.

Wie Transplantationen von Augenanlagen zwischen Larven verschiedener *Drosophila*-Mutanten erkennen lassen, geschieht

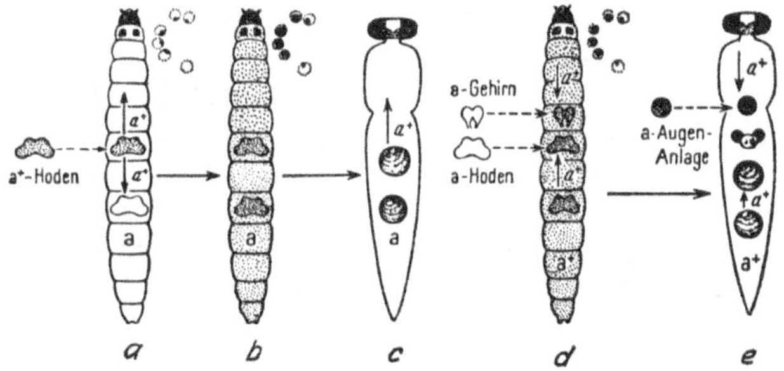

Abb. 30. *Ephestia* (Mehlmotte). Transplantationen zur Darstellung außerzelliger Genwirkung (nach KÜHN aus BECKER 1938)

a) Verpflanzung von pigmentierten *a*+-Hoden in unpigmentierte *a*-Raupe b) Ausfärbung dieser Raupe in Augen (neben dem Kopf), Gehirn, Hoden Haut. c) *a*-Schmetterling mit dunklen Augen, pigmentiertem Gehirn und Hoden. d–e) Verpflanzung von *a*-Organen in *a*+-Raupe und *a*+-Puppe. Ausfärbung in diesen Wirten und nach Metamorphose. Genetische Konstitution der Tiere in Blockschrift. Pfeile mit kursiver Beschriftung zeigen die Wirkstoffe an

der Ausfärbungsprozeß in einer *Stufenfolge von Reaktionen* (EPHRUSSI, BEADLE). Die dunkelrote Augenfarbe der Wildform ist in den Mutanten *vermilion* (*v*) des X-Chromosoms und *cinnabar* (*cn*) des zweiten Chromosoms in gleicher Weise zu Zinnober aufgehellt. Es fehlt dann die braune Farbstoffkomponente. Nur wenn beide Normal-Gene, v^+ und cn^+, vorhanden sind, bildet sich diese, und die Augen färben sich dunkelrot aus. Pflanzt man einer $v\ cn^+$-Larve die Augenanlage von v^+cn ein, so färben sich sowohl die Augen vom Wirt wie vom Implantat dunkel aus (Abb. 31 a, betreffend *w*, vgl. Abb.-Erkl. u. S. 106). Nicht nur muß ein dazu notwendiger Wirkstoff zum Implantat gelangt sein, sondern zur Erzeugung dieses Wirkstoffes müssen auch Wirts- und Implantatgewebe sich gegenseitig ergänzt haben: Der cn^+-Stoff des Wirtes muß mit dem v^+-Stoff des Implantats zusammen die Ausfärbung bedingt haben. Das umgekehrte Experiment gelingt in gleicher Weise (Abb. 31 b). Mit kochendem Wasser, Alkohol, Aceton lassen sich aus den Wildtieren und ihren Organen Extrakte herstellen, die nach Injektion z. B. in v^+cn-Puppen bei diesen dunkle Augenausfärbung verursachen, so daß damit die stoffliche Natur des wirkenden Agens bewiesen ist. Aber diese Extraktversuche zeigen für die

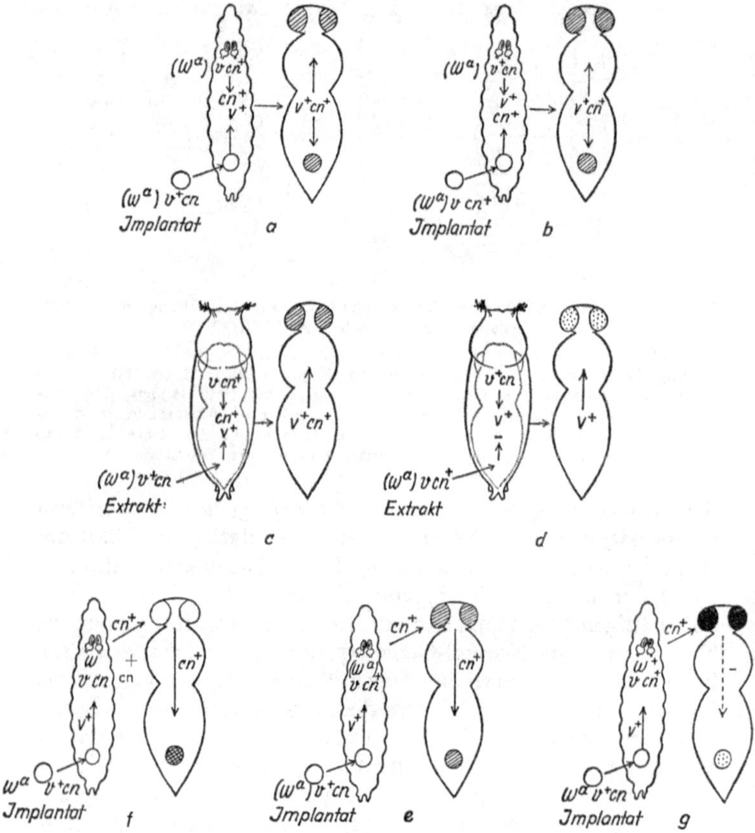

Abb. 31. *Drosophila* (Taufliege). Schemata der Imaginalscheiben-Transplantationen zur Ergründung der genbedingten Reaktionskette für die Augenpigmentierung (nach den Versuchen von EPHRUSSI, BEADLE, CHEVAIS)

a), b) Ergebnisse wechselseitiger Transplantationen zwischen den Rassen (w^a) $v{+}cn$ und (w^a) v $cn{+}$. c), d) Extraktinjektionen zwischen den gleichen Rassen. e) Auf Grund der Extraktinjektionen ermittelte Reaktionskette. f) Änderung der überschüssigen Menge $cn{+}$-Stoff bei Benutzung von w v $cn{+}$ als Wirt. g) desgl. bei $w{+}$ v $cn{+}$ als Wirt.

$w{+}$ $v{+}$ $cn{+}$ Wildrasse tiefrot ●. w^a aprikosenfarbig (m i t brauner Komponente) hell////, dunkel ▦, Allel der multiplen Reihe w weißäugig ○. Für die Transplantationen wurde w^a statt $w{+}$ zur besseren Verdeutlichung der Farbabstufungen

einzelnen Rassen eine entscheidende Tatsache: Extrakte aus v^+*cn*-Tieren enthalten v^+-Stoff (Abb. 31 c), während Extrakten aus *v* cn^+-Tieren wirksamer cn^+-Stoff fehlt (Abb. 31 d). Offenbar kreist cn^+-Stoff nur in einem Körper, in dem von bestimmten Geweben auch v^+-Stoff produziert wird. So muß die Reaktionsfolge für den Versuch Abb. 31 a entsprechend Abb. 31 e verlaufen sein: Das Implantat gibt v^+-Stoff ab, welcher dem Wirtsauge die Bildung von cn^+-Stoff ermöglicht.

Die *chemische Aufklärung der Wirkkette* wurde dadurch erleichtert, daß v^+- und cn^+-Stoffe auch mit der Nahrung gegeben und auf diese Weise mit verschiedensten Stoffen verglichen werden können. Ausgangsbaustoff für die braune Komponente der Pigmentbildung ist Tryptophan (Abb. 32). Aus diesem Chromogen entsteht über α-Oxytryptophan als v^+-Stoff das Kynurenin, und man kann sich die Vorstellung bilden, daß diese *Umwandlung im Zellplasma* abläuft, *wenn das Gen* v^+ *ein Enzymsystem bereitstellt, welches die Reaktionen katalysiert* (BUTENANDT). Durch das Gen cn^+ wird die Oxydation von Kynurenin zu dem cn^+-Stoff 3-Hydroxykynurenin gewährleistet.

Nun ist es nie gelungen, die Bildung der Augenpigmente, der Ommochrome (BECKER), zu erzielen, wenn das Zellgefüge der Augen zerstört war. Die letzten Vorgänge der Ausfärbung sind an bestimmte Strukturen geknüpft, deren Bereitstellung wiederum durch eine Anzahl anderer Gene bedingt ist. Sehr wahrscheinlich stellen Eiweißgranula die Trägersubstanz dar, mit welcher die Farbstoffe in den Pigmentkörnern verbunden sind. Da die Augenanlagen der Mutante *white* (*w*, weißäugig) wirksamen cn^+-Stoff zwar produzieren, aber sich selbst nicht ausfärben können, so scheint in ihnen dieser Eiweißkörper nicht gebildet zu werden. Das Gen w^+ ist demnach nicht zu entbehren, wenn sich 3-Hydroxykynurenin in das strukturgebundene Ommochrom umwandeln soll. – Wie aus Injektions-

benutzt. *v* vermilion (= zinnober). *cn* cinnabar (= zinnober). Die ohne Wirkung von v+-Stoff und cn+-Stoff vorhandene zinnoberrote Augenfärbung (o h n e braune Komponente) ist mit ⁞⁞⁞ bezeichnet. Genetische Konstitution cursiv, Wirkstoffe in Blockschrift

versuchen hervorgeht, entspricht dem v^+-Stoff von *Drosophila* der a^+-Stoff von *Ephestia* (BECKER und PLAGGE). Die Reaktionskette der Pigmentvorstufen gilt außer für Zweiflügler und

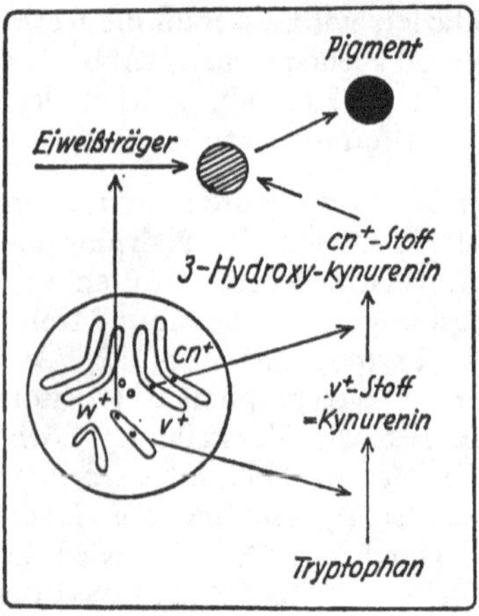

Abb. 32. *Drosophila* (Taufliege). Schema der Wirkung der Gene $v+$ (= $a+$ bei der Mehlmotte *Ephestia*), $cn+$, sowie $w+$ (=$wa+$ bei *Ephestia*) in einer pigmentbildenden Augenzelle (im Anschluß an KÜHN 1936)

Schmetterlinge auch für Hautflügler. Vom 3-Hydroxykynurenin aus können je nach der Art des Reaktionssystems oder entsprechend dem Eingreifen besonderer Gene artspezifisch und organspezifisch unterscheidbare Pigmente, so für die *Drosophila*-Augen die Ommatine, für die *Ephestia*-Augen die Ommine, für die *Ephestia*-Haut Ommatine gebildet werden.

Wenn die genbedingten Pigmentvorstufen zur Ausfärbung nicht völlig verbraucht werden, treten sie aus den Bildungszellen heraus. Dies läßt sich durch Implantation genetisch gleichartiger Augenanlagen in Wirte der w-Serie multipler Allele zeigen (EPHRUSSI und CHEVAIS). In der Stufe w (weißäugig) dieser Serie wird ein Eiweißsubstrat nicht gebildet. Das Allel w^a (aprikosenfarbig) stellt soviel bereit, daß die Augen sich hell pigmentieren können. w^+-Tiere produzieren volle Menge der Trägersubstanz. Sind bei einer Transplantation wie in Abb. 31 b, e sowohl Transplantat wie Wirt von der Konstitution w^a, so werden durch Abgabe von v^+-Stoff aus dem Implantat für den Wirt und durch Rückfluß von cn^+-Stoff aus den Wirtsaugen zum Implantat alle Augen gleichartig aprikosenfarbig. Wirtsaugen von der Konstitution w^+ (Abb. 31 g) verbrauchen jedoch zur Bildung ihres cn^+-Stoffs von dem gleichen Implantat soviel v^+-Stoff, daß für die implantierte Augenanlage nichts mehr übrig bleibt. Umgekehrt kann ein *w*-Wirt (Abb. 31 f) den von ihm gebildeten cn^+-Stoff nicht selbst verwerten. Er fließt voll dem Transplantat zu und färbt dieses so dunkel aus, wie es die Eiweißsubstratbildung von w^a gestattet. *Diejenige Menge der Pigmentvorstufen, die durch die Bildungszellen der Augenanlage nicht verbraucht wird, kreist durch den Körper als Wirkstoff.* Diesem Umstand ist es zu verdanken, daß durch außerzellige Prüfreaktionen innerzellige Reaktionsfolgen analysiert werden können.

Bildungsorte und Bildungszeiten für Wirkstoffe sind bei den einzelnen Tierformen sehr verschieden. Die Produktion beginnt bei *Ephestia* während der Raupenzeit in Gehirn und Hoden, bei *Drosophila* am Anfang des dritten Larvenstadiums in den MALPIGHIschen Gefäßen. Nur aus diesen Organen lassen sich während dieser Zeit Extrakte von v^+- und cn^+-Stoff gewinnen. Von hier aus in die Körperflüssigkeit abgesonderte geringe Mengen v^+-Stoff besitzen möglicherweise auch außerhalb der Pigmentbildung Bedeutung. Denn *a-Ephestia*-Tiere ohne a^+-(v^+-) Stoff entwickeln sich langsam und sind nicht sehr lebenskräftig. Sehr starke Zunahme erfährt der v^+-Stoff in der Körperflüssigkeit von *Drosophila* während der Puppenzeit, in welcher der Fettkörper v^+-Stoff und die Augenanlage beide Stoffe produzieren. – In gleicher Weise spezifisch sind die *sensiblen Perioden für die reagierenden Organzellen*: Raupenhaut und Raupenaugen von *Ephestia* erweisen sich jederzeit reaktionsbereit. Der Hoden läßt sich bis zum Beginn der Verpuppung zur Ausfärbung bringen. Die sensiblen Perioden der Augenimaginalscheiben liegen bei *Ephestia* im ersten Drittel, bei *Drosophila* in den ersten beiden Dritteln der Puppenruhe. Das Ende dieser Perioden fällt etwa mit dem Beginn der sichtbaren Pigmentbildung zusammen.

Für die bisher am genauesten untersuchten pigmentbildenden Reaktionen der Augenimaginalscheiben läßt sich demnach mit einiger Sicherheit feststellen, daß die *Phasen der Wirkstoffproduktion und die sensiblen Perioden des Ausfärbungssystems sich über die gleichen Zeiten erstrecken.* Normalerweise scheint diese Pigmentierung nicht durch interzelluläre, sondern nur durch innerzellige Reaktionen bedingt zu sein. Immerhin könnten außerzellige Einflüsse eine Bedeutung für die Koordinierung der Prozesse in den Zellen besitzen. – Die hier dargestellten Reaktionsweisen der Gene sind nicht auf die Verhältnisse bei Insekten beschränkt, sondern finden sich auch bei anderen Tiergruppen. Dafür geben die Untersuchungen von DANNEEL über die Melaninbildung im Haar verschiedener Kaninchenrassen ein Beispiel (I, S. 23).

Die Möglichkeit, substanzwechselphysiologische Analysen innerzelliger Vorgänge durchzuführen, war bei den bisher beschriebenen Experimenten dadurch gegeben, daß die in Frage kommenden Wirkstoffe nicht allein innerhalb der Zellen anzutreffen sind, sondern unter bestimmten Bedingungen auch im Körper kreisen. Veranlassung zur Ansetzung der Experimente boten Mutanten mit auffällig unterschiedenen Merkmalen, wie sie etwa rote und weiße Augen darbieten. Daher handelt es sich bei den gefundenen Reaktionsketten um solche, die zur Bildung von Pigmenten der Gruppe der Ommochrome, aromatischer Aminosäuren führen. Sie beginnen bei dem für den Tierkörper essentiellen Tryptophan. Die Beziehung zu den Chromosomen ergibt sich lediglich durch die Lokalisierung der den Mutanten zugehörigen Gene in den Chromosomenkarten. Bei dieser Sachlage fehlt zunächst jede Möglichkeit, die Reaktionskette unmittelbar bis auf das Chromosom zurückzuführen. Man kann lediglich ein Schema zeichnen, wie es Abb. 32 darbietet.

Diese Schwierigkeit wurde vermieden, als BEERMANN eine **Fortführung der Untersuchungen über die genetischen Reaktionen** nicht an rassen-, sondern **an artunterschiedenen Tieren unternahm.** Er fand diese bei Arten der Zuckmücke *Camptochironomus* und untersuchte speziell die Speicheldrüsen. Die gebräuchliche Bezeichnung „Speicheldrüse“ ist irreführend. Es handelt sich um Drüsen, die ein Sekret von Strukturproteinen abscheiden. Außerhalb des Körpers polymerisieren diese Proteine zu einem festen Seidenfaden. Die Larve benutzt ihn zum Bau ihrer Wohnröhre.

In der Form ist die Drüse ein Sack aus einer Schicht großer Zellen (Abb. 33), welche durch postembryonales Wachstum einen Durchmesser von etwa 200 μm erreicht haben. Ein chitinisierter Ausführgang führt vom Lumen der Drüse nach außen. Die Speicheldrüsen zeichnen sich durch jeweils zwei funktionell unterschiedene Bereiche aus. Nahe dem Ausführgang befinden sich einige meist kleine „Sonder"-Zellen, die sich bei C. *pallidivittatus* von der Hauptmasse der Drüsenzellen durch die Natur ihres Sekretes unterscheiden. Dieses ist hier stark granulahaltig (Abb. 33 a). Solche Granula fehlen dem Sekret der Sonderzellen von C. *tentans* (Abb. 33 c).

Den morphologischen Unterschieden der Speicheldrüsen-Sonderzellen gehen zytologische parallel. Neben den drei langen Chromosomen des Genoms trägt ein viertes kurzes bei C. *tentans* in allen Zellen der Drüse während der Sekretionszeit drei kennzeichnende Balbiani-Ringe (Abb. 33 c, vgl. BR 1, BR 2, BR 3 in Abb. 33 a_1). Bei C. *pallidivittatus*, bei dem es in den Hauptzellen genau so ist, tritt in den Sonderzellen ein vierter Balbiani-Ring BR 4 hinzu (a, a_1). Balbiani-Ringe sind große Puffs (I, S. 24 ff., 31), die sich in den Funktionsstadien durch besonders weitreichende Aufsplitterung, durch periphere Schleifenbildung aus einer oder wenigen Querscheiben der Chromatiden des Riesenchromosoms auszeichnen und deren RNS-Synthese-Rate um einige Größenordnungen über derjenigen kleiner Puffs liegt (Pelling). Da die Balbiani-Ringe streng gewebsspezifisch sind und jeweils bestimmten Zelltypen zugehören, wird man erwarten dürfen, daß sie als Sitz von Gen-Loci gerade solche Funktionen kontrollieren, die dem Stoffwechsel ihrer Zellen das spezialisierte Gepräge geben.

Daß überhaupt für die Produktion von Proteinen in der Speicheldrüse Balbiani-Ringe mit ihrer hohen Syntheserate erforderlich sind, läßt sich daraus verstehen, daß es sich ja hier nicht um Enzyme, sondern um Struktur- bzw. Sekretproteine handelt. Wenn für die Speicheldrüse normal drei Balbiani-Ringe, für die Granula-produzierenden Sonderzellen vier auftreten, so

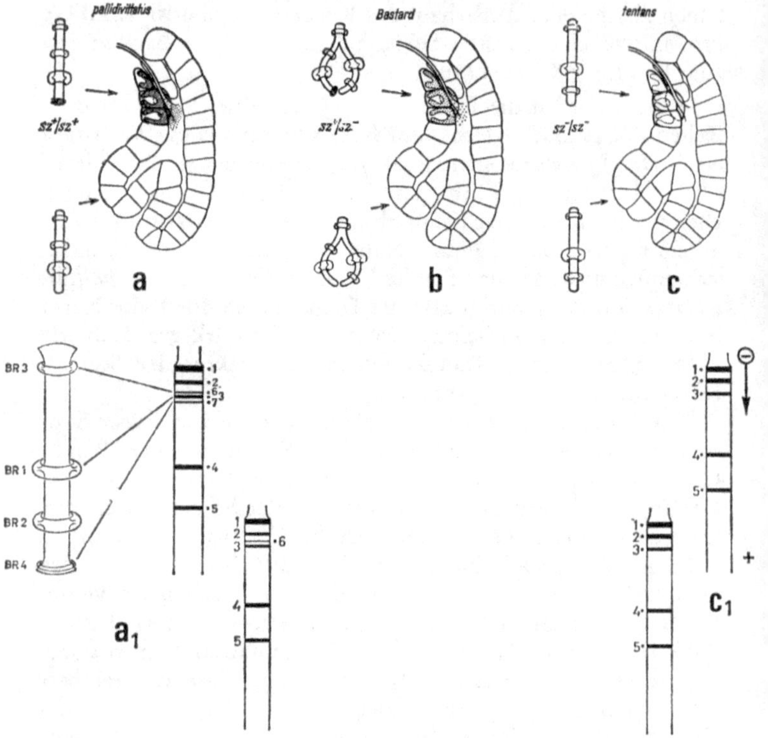

Abb. 33. *Camptochironomus* (Zuckmücke). Zytologie, Kreuzungsanalyse und Genfunktion bei zwei Spezies mit Unterschieden in der Sekret-Zusammensetzung der Speicheldrüsenabschnitte (nach BEERMANN 1963 und GROSSBACH 1969)

a–c) Speicheldrüsen von *C. pallidivittatus* (a), *C. tentans* (c) und dem Bastard (b). Am Drüsenausführgang Sonderzellen. Ihr Sekret ist bei *C. pall.* von bestimmten Sekretgranula erfüllt. Im Sekret von *C. tentans* vermißt man die Granula. Den Hauptteil der Drüse füllen bei beiden Arten Normalzellen. Links neben den Sonder- und Normalzellen sind die entsprechenden Abschnitte des Riesenchromosoms IV eingezeichnet. Der für die Sonderzellen von *C. pall.* typische BALBIANI-Ring (links oben) fehlt bei *C. tentans* (rechts oben). Das Gen, das den genetischen Unterschied bedingt, mendelt monohybrid (Abb. a, c, sz^+/sz^+ gegenüber sz^-/sz^-). Es wurde im BALBIANI-Ring am unteren Ende des Chromosoms *(BR4)* lokalisiert (Abb. a_1). Im Bastard *(sz^+/sz^-)* der Abb. b ist der BALBIANI-Ring der Sonderzellen heterozygot; eine Inversion verhindert die An-

könnte man mit etwa der gleichen Anzahl von Sekretproteinen rechnen, die nun in großen Mengen hergestellt würden. Im ganzen machen die Sekretproteine etwa 50 % der Proteine des gesamten Organs aus.

Zur *Analyse des Sekrets* und für *gleichzeitige Kontrolle der Erbkonstitution* wurden von den paarigen Speicheldrüsen einer Larve vierten Stadiums jeweils eine Drüse für die Isolierung des Sekrets, die andere für die Herstellung des Chromosomenpräparates benutzt. Aus den herauspräparierten Drüsen konnten mit scharfen Wolframnadeln Hauptteil und Sonderzellbereich in Insekten-Ringer isoliert werden. Das zähe Sekret verflüssigt sich durch vorübergehenden Aufenthalt in Ca^{++}-freiem Medium oder in Wasser, so daß es aus den Drüsenfragmenten ausläuft. Die je Drüse zu erhaltenden 2–3 μg Protein konnten mit der Polyacrylamid-Disk-Elektrophorese im Mikromaßstab (vgl. II, S. 84) auf seine Fraktionen geprüft werden. Man erleichtert die Analyse, wenn man vor der elektrophoretischen Zerlegung in Untereinheiten eine Reduktion der Disulfidbindungen vornimmt. Man erhält dann Polypeptidketten.

C. tentans und *C. pallidivittatus* sind miteinander kreuzbar und ergeben fruchtbare Nachkommen. Die beiden Sonderzellformen und die beiden Sekretformen: granuliert, ungranuliert, aber auch die in den zugehörigen Zellkernen befindlichen Chromosomen folgen einem monohybriden MENDELschen Erbgang, für den die Granula-Sekret abscheidenden Sonderzellen von *C. pallidivittatus* dominant sind (sz^+/sz^+, Abb. 33 a). Das Sondersekret der Bastarde (sz^+/sz^-, Abb. 33 b) enthält Granula, wenn auch in geringerer Menge als das von *C. pallidivittatus*.

Entscheidend trägt hier zum Erfolg der Analyse bei, daß im Erbgang dieser Tiere nicht nur die Verteilung der histo-

einanderlegung der homologen Chromosomen-Abschnitte. Entsprechend enthält das Sonderzellensekret des Bastards weniger Granula als das von *C. pall.* a₁ Korrelationen zwischen den BALBIANI-Ringen im Chromosom IV (links) und zellspezifischen Polypeptiden des Sondersekrets von *C. pall.* (rechts). a₂) Muster der Polypeptide des Hauptzellensekrets von *C. pall.* nach Acrylamid-Disc-Elektrophorese im Mikromaßstab (der die Analyse auch einer einzelnen Drüse bzw. eines einzelnen Sonderzellenabschnittes gestattet). c₁) Disc-Elektrophorese-Polypeptidmuster der Sonderzellen von *C. tentans*. c₂) desgl. von den Hauptzellen der Speicheldrüse von *C. tentans*

logischen Merkmale, sondern auch die der Chromosomenabschnitte unmittelbar mikroskopisch zu verfolgen ist. Sämtliche Chromosomen sind nach der jeweils spezifischen Ausbildung des Chromomerenmusters zu unterscheiden. Sie tragen artspezifische Inversionen, die Austausch weitgehend ausschließen, so daß in der Regel ganze Chromosomenarme vererbt werden. Bastarde sind am Auseinanderweichen der Inversionsabschnitte (Abb. 33 b) sofort zu erkennen. Beim Bastard sz^+/sz^- erscheint der BR 4 als deutlich heterozygot. Austauschvorgänge müssen sich auf die Regionen außerhalb der artspezifischen Inversionen beschränken. So läßt sich bei allen Nachkommen aus den Artkreuzungen im zytologischen Präparat feststellen, welche Teile des Genoms das betreffende Tier nur von der ersten Art, welche es nur von der zweiten Art und welche es von beiden geerbt hat.

Auf Grund dieser sehr günstigen Verhältnisse konnte BEERMANN für die *Lokalisierung der Gene* in der Sonderzellen-Kreuzung anstelle des Bd. I, S. 19 geschilderten Modus einen relativ einfachen Weg einschlagen: Wie er feststellte, findet sich bei den homozygoten sz^-/sz^- der F_2-Generation stets auch eine Homozygotie der BALBIANI-Ringe im Chromosom 4. Umgekehrt sind SZ-Granula, insbesondere auch bei Rückkreuzungen, nur in den Drüsen derjenigen Larven zu finden, die wenigstens e i n Chromosom 4 von *C. pallidivittatus* (also das Allel sz^+) besitzen. Auf Grund solcher und vieler anderer Befunde ergibt sich eine vollständige Korrelation der Vererbung von *sz* mit derjenigen des Chromosoms 4, so daß man schließen muß: Das mutierende Allel (bzw. der Allelenkomplex) *sz* liegt im Chromosom 4.

Zur Fortführung der Lokalisationsbemühungen innerhalb des Chromosoms 4 kommt die beherrschende, etwa die mittleren zwei Drittel des Chromosoms einnehmende interspezifische Inversion zu Hilfe. Ein Austausch des Locus von *sz* mit einem aus den interspezifischen Inversionen von Chromosom 4 geschieht mit einer Häufigkeit von maximal 15 %, ist aber bei einer intraspezifischen noch längeren Inversion von *C. tentans* völlig unterdrückt. Demnach muß das Gen *sz* außerhalb der Grenzen der interspezifischen, innerhalb der Grenzen der intraspezifischen Inversion liegen. Als BALBIANI-Ring kommt, wie eingehend diskutiert wird, für den Genlocus *sz* nur BR 4 in Frage (Abb. 33).

Nach den Mikro-Disc-Elektrophoresen zeichnet sich das granulierte Sonderzellensekret von *C. pallidivittatus* gegenüber dem von *tentans* durch eine besondere Fraktion (7) aus (GROSSBACH, Abb. 33 a_1). Die Produktion dieser Fraktion (7) findet nur statt, wenn das Chromosom 4 von *C. pallidivittatus* anwesend ist. Entsprechend der Lokalisierung von dem Gen *sz* in BR 4 kann man die Sekretion der Fraktion (7) der Aktivität eines Gens im BR 4 zuordnen. Ähnlich ist es bei der Fraktion (6), die auch nur bei Anwesenheit des Chromosoms 4 aus Drüsen von *C. pallidivittatus* gewonnen werden kann (Abb. 33 a_1, a_2). Ihr Auftreten läßt sich der Aktivität eines oder mehrerer Gene im BR 3 am distalen Abschnitt des Chromosoms 4 zuschreiben. Für die Produktion der Fraktion (3) dürfte, nach gleichlaufenden Modifikationen zu urteilen, ein physiologischer Zusammenhang zu der Aktivität von BR 1 bestehen.

Aus diesen genetischen und physiologischen Korrelationen zwischen BALBIANI-Ringen und Sekretprotein-Fraktionen kann man eine *kausale Beziehung von den Loci größter Chromosomenaktivität zu der Synthese quantitativ vorherrschender Zellproteine* erschließen. Wie die Versuchsergebnisse bestätigen, werden solche Funktionen, die dem Stoffwechsel einer differenzierten Zelle ihr besonderes Gepräge geben und auch in Mengen produziert werden müssen, bevorzugt durch die zelleigenen großen BALBIANI-Ringe als Genorte kontrolliert.

Gegenüber den Experimenten zur Pigmentbildung in den Facettenaugen von *Drosophila* und *Ephestia* wird hier bei *Camptochironomus* eine andere Seite der organbildenden Reaktionsketten herausgestellt: Dort erfuhren wir, wie Gene stufenweise aufeinanderfolgend immer neue Enzyme aktivieren und damit zellspezifische Reaktionsketten einleiten. Hier werden für solche Reaktionsketten Primärreaktionen von den anschaulich darstellbaren Chromosomenorten aus aufgezeigt. Es ergeben sich Anhaltspunkte dafür, daß die an niederen Organismen gewonnenen molekularbiologischen Auffassungen über Genexpression mit gewissen Modifikationen auch auf die Verhältnisse bei höheren Tieren übertragbar sind.

e) Einige Prinzipien der Organbildung und des Zellverhaltens im Organverband

Mit einigen Besonderheiten, die durch die Lage der Organbezirke innerhalb des Keimganzen bedingt sind, kehren bei der Organbildung die Bildungsprinzipien der Körpergrundgestalt (II, S. 179 ff.) wieder. Unterschiedliche Formen der Bildungsweise ergeben sich hier wieder durch stark und weniger differenzierte Blasteme, durch Differenziert- und Indifferentzelligkeit solcher Blasteme, durch das Prinzip der Selbstgliederung von Potenzbereichen oder der abhängigen Entwicklung auf Grund von Interaktionen. Vermehrt nehmen plasmatische oder blastematische Wachstumsprozesse Anteil an der Ausdifferenzierung der Organe.

Die **Genese von Organanlagen** bereitet dem Verständnis nicht so große Schwierigkeiten, wenn die Prinzipien der Bildung der Körpergrundgestalt auf die Organbildung fortgeführt gedacht werden. So ist es insbesondere im Bereich wenig differenzierter indifferentzelliger Systeme. Abb. 1 gibt für Amphibien viele Beispiele dafür, wie sich die Organanlagen innerhalb eines größeren definierten Bereiches der Körpergrundgestalt abgrenzen. Die *blastematische Segregation* (*Sonderung, Selbstabgliederung*) spielt bei der Anlage von Niere, Herz, Blutgefäßen, von Darmabschnitten, Extremitäten, von Organen der Neuralleiste eine wesentliche Rolle. *Gestaltungsbewegungen segregierter Anlagenbereiche* ermöglichen Formbildungen. Vielfach sind die gesonderten *Anlagen* eine Zeitlang *Regulationen* zugänglich. Meist vollenden sie sich durch *Selbstdifferenzierung*. Andererseits werden etwa in dem System von Urdarmdach und Neuralplatte Anlagenzentren für Augenblase, Hörbläschen auf dem Wege regionalspezifischer *Induktion* als Ganze, die zunächst noch regulationsfähig sind, aus dem übergeordneten Neuralplattenbereich herausgehoben und dann fortentwickelt. Die entsprechenden Induktoren sind örtlich begrenzt.

Sie selbst sondern sich als Ausschnitte von umfassenderen Induktionsbezirken (Abb. 1). Ihr Blastem führt *gleichzeitig mit der Induzierung eine eigene Organdifferenzierung* durch. Doch ist die Induktionsbefähigung des Blastems an das Fortschreiten dieser Differenzierung nicht gebunden.

Blastembereiche, die infolge ihrer Zugehörigkeit zu bestimmten Schichten der Körpergrundgestalt den ersten Anlagen der Organe benachbart sind, geraten in bestimmten Fällen durch *Gestaltungsbewegungen* mit ihnen in Kontakt. Sie schließen sich, wie bei der Augenanlage der Amphibien, zu mehrteiligen blastematischen Organbildungssystemen zusammen, in denen durch konstituierende oder komplementäre Induktion den Gebilden erster Anlage neue Formteile hinzugefügt werden. Die angegliederten und ursprünglichen Teile bleiben meist in ständiger weiterer entwicklungsphysiologischer Wechselwirkung.

Für den molekularbiologischen Mechanismus der Induktionen gilt das für die Bildung der Körpergrundgestalt Gesagte: Ungegliederte indifferentzellige multipotente Reaktionsblasteme werden durch regionalspezifisch auftretende Induktoren gegliedert und erhalten bestimmt gerichtete Differenzierungstendenzen. Im Reaktionssystem läuft der Induktionsprozeß, wie es die experimentellen Daten II, S. 166 bzw. in diesem Bande S. 47, 65 ff. nahelegen, über Gene: *Die Induktionsagentien aktivieren die Gene indirekt über eine Derepression oder auf direktem Wege* und veranlassen so Abgabe genetischer Information für einen Entwicklungsprozeß, so daß er realisiert werden kann.

Bei dieser Sachlage ist es erklärlich, daß der Induktionsprozeß durch heterogene Kern-Plasma-Kombination gestört wird. Beobachtungen aus heteroplastischer und xenoplastischer Verpflanzung von Induktoren bestätigen dieses immer wieder. Innerhalb des Reaktionsgewebes spielen sich insbesondere art- und gattungsspezifisch bestimmte Gliederungsvorgänge ab, welche darüber entscheiden, ob ein Reaktionsblastem in seiner ganzen Ausdehnung für eine Induktionswirkung kompetent ist, ob sich diese Aufnahmefähigkeit auf einen bestimmten Körperbereich beschränkt oder gar nicht vorhanden ist. *Die Reaktionsblasteme sind auf sehr viel engere tiersystematische Kategorien einge-*

stellt als die Induktoren der induzierenden Gewebe. Induktoren weit voneinander abstehender systematischer Tiergruppen ähneln einander. Auch wenn sie nicht genau zu einem artspezifischen Reaktionsblastem passen, vermögen sie in diesem erfolgreich Organanlagen hervorzurufen. Nach den wiedergegebenen Erfahrungen folgen diese dann in der Art ihrer Ausgestaltung zum überwiegenden Teil den spezifischen Faktoren des Reaktionsblastems. Disharmonien gleichen sich später oft regulativ weitgehend wieder aus (S. 16).

Im Bereich stärker differenzierter Systeme können als Organanlagen Blastomeren der Ringelwürmer, etwa die Quartette 1 a^1–1 d^1 für den Wimperschopf und 1 a^2–1 d^2 für den Prototroch, gelten (Bd. II, S. 11 f.). Ebenso Urmesoblasten als Lieferanten der Zölomblocks (II, S. 16). Ihrer Differenziertheit liegt *ooplasmatische Segregation* zugrunde, der sich *Selbstdifferenzierung* oder *Interaktion* anschließen. Wie die Blastomeren dieser differenziertzelligen sog. Mosaikkeime enthalten auch die Blastembereiche der Imaginalscheiben jeweils bestimmte Differenzierungstendenzen für Adult-Organe. Diese Tendenzen brauchen jedoch nicht irreversibel festgelegt zu sein. Sie lassen sich durch außerzellige Einwirkungen in bestimmter begrenzter Richtung verändern. Genitalscheiben vermögen in der in vivo-Kultur Antennen oder Extremitäten reversibel hervorzubringen. Voraussetzung ist hier intensive *Zellproliferation.* Sie dient möglicherweise als Mittel zur differentiellen Verteilung von plasmatischen Zellkonstituenten, welche ihrerseits dann Wirkung auf genetische Kontrollsysteme ausüben und so zur Bildung der Organanlagenmuster innerhalb der Imaginalscheibe beitragen. Auch Regulation von Scheibenfragmenten ist stets an Zellproliferation geknüpft. Durch die Zellvermehrung entsteht bei diesem stärker differenzierten, differenziertzelligen Organtypus *Regulationsraum,* der beim wenig differenzierten, indifferentzelligen Typus durch Aufrechterhaltung der Beweglichkeit von Zellen, Plasmen und Entwicklungsfaktoren in den Blastemen gegeben ist (S. 83). Da die Regulation der Imaginalscheibenteile demnach *regenerativen Charakter* trägt, können nur solche Organe der Scheibe Ganzheitscharakter gewinnen, deren Anlagen beim Fragmentieren der Scheibe den Fragmenten nicht ganz verloren gegangen sind. Das Ausmaß der Zellproliferation steht immer in angemessenem Verhältnis zum normalen Wachstum des Organanlagenareals und der Reaktionsnorm seiner Größe. Erst eine gewisse *Mindestgröße* dieses Areals ermöglicht normale Organentwicklung. Überschreitung einer Maximalgröße führt zu Mehrfachbildungen. Die *Aufgliederung einer* einmal gebildeten *Imaginalscheibe* kann vielleicht auch durch einen Vorgang ähnlich dem der Musterbildung für den Schmetterlingsflügel geschehen. Dabei treten Abgrenzungen innerhalb einer Blastemschicht durch *Ausbreitung eines Agens* von einem Zentrum aus hervor (S. 96).

Allgemein gesehen vollzieht sich demnach die Entstehung von Organanlagen in den Körpergrundgestalten der verschiedenen Differenzierungstypen durch ooplasmatische oder blastematische Segregation. Auf diese bauen Vorgänge der Selbstdifferenzierung und der abhängigen Differenzierung, Interaktionen, auf, die oft mit komplizierten Bewegungsprozessen verbunden sind. Selbstdifferenzierung bedeutet, daß die wesentlichen Faktoren zur Ausdifferenzierung sich innerhalb des segregierten Organbezirks befinden. Sie können naturgemäß sehr verschiedener Art sein und sekundäre oder weitere Segregationen mit anschließenden sekundären Interaktionen veranlassen. Unter einer auf die primäre Segregation unmittelbar folgenden abhängigen Differenzierung soll verstanden sein, daß der segregierte Teilbezirk als Faktorenbereich an der Interaktion mit anderen, zugleich segregierten Bezirken teilnimmt.

Die Interaktionen folgen im einzelnen einem sehr unterschiedlichen Modus. Klar definiert sind die blastematischen Induktionsprozesse. Sie wirken, wie II, S. 182 für die Verhältnisse bei der Bildung der Körpergrundgestalt beschrieben, einbahnig gerichtet. Induktoren regen in einem Reaktionssystem unter Vermittlung seiner genetischen Basis Entwicklungsvorgänge an. *Die induzierenden Substanzen* sind mit nur begrenztem Erfolg untersucht. Wir wissen etwas über ihre biochemische Zugehörigkeit und ihre regionale Herkunft (II, S. 160 ff.). Als Hinweis auf die *selektive Genaktivierung im Reaktionssystem* dient die Empfindlichkeit des Induktionsprozesses gegenüber ActinomycinD. Vollständig fehlen Feststellungen über etwaige Produkte der Gentätigkeit in den reagierenden Zellen, über die weiteren Fragen, ob diese Produkte sich in den verschiedenen Zellen unterscheiden, in welcher Weise solche Produkte etwa Einfluß auf die Struktur der verschiedenen Zellmembranen, ihre jeweilige physikalisch-chemische Konstitution, ihr Kontaktverhalten und damit auch ihre Formgestaltung innerhalb des Blastems gewinnen. Welche Einzelreaktionen im gesamten Reaktionsblastem nötig sind, damit der gestaltlich relevante Induktionserfolg der Bildung eines Neuralrohres oder eines Auges möglich wird, ist heute nicht annähernd auszudenken. Ebenso können wir kaum Vorstellungen darüber entwickeln, ob und wie für die Vorbereitung des Reaktionsblastems auf die gestaltbildenden Aufgaben bestimmte überzellige, musterbildende Einflüsse hinzukommen müssen oder aus den für die Organbildung bereitstehenden Zellgruppierungen in Selbstdifferenzierung spontan hervorbrechen. Man wird bei diesen Überlegungen sich an Beispiele aus Tiergruppen halten müssen, welche den Wirbeltieren ferner stehen, an die Experimente bei *Acrasieae* (Schleimpilzen II, S. 177 ff.), bei Imaginalscheiben von *Ephestia* (S. 96), bei Blastodermzellen von *Acheta* (II, S. 56). Auch an die Verhältnisse in Keimscheiben der Säuger (S. 49) sei erinnert.

Induktionsprozesse sind in vielen Blastem- oder Gewebe-Interaktionen enthalten. So Induktionen bei Entwicklung der epidermalen Basalschicht und nachfolgender Keratin-Bildung der Wirbeltiere in Abhängigkeit vom Mesenchym, Entstehung von Drüsen in Säuger-Epithelien bei Anwesenheit von Mesenchym (S. 44 ff.), Ausbildung von Nierenepithel im Mesenchym durch Einfluß von Chorda, Bildung von Knorpel aus Ursegment-Blastem durch Chorda und Neuralrohr (S. 50).

Während bei der Induktion z. B. der Pankreas-Acini noch relativ genaue Parallelen etwa zur klassischen Neuralplatten-Induktion der Amphibien zu ziehen sind, ist diese für weit übergreifende Interaktionen etwa zwischen Zentralnervensystem und peripheren Organen (S. 26 ff., 33) nicht mehr möglich. Hier, wo nicht chemische Wechselwirkungen allein, sondern auch physikalische Leitlinien im Bindegewebe Beziehungen herstellen, wird die *Qualität der wirkenden Faktoren sehr mannigfaltig*. Und wenn man eine Organbildung, wie etwa die Herstellung eines Pigmentierungsmusters oder die Bildung des Kopfskelets bei Amphibien betrachtet, bei dem weite Wanderungen der aufbauenden Zellen durch den ganzen Tierkörper und entsprechende *biochemotaktische Reaktionen* als eingeschaltet angenommen werden müssen, dann wächst die Anzahl der für die Formung des Endergebnisses zu berücksichtigenden Faktoren bis fast ins Unüberschaubare. Entscheidend gerade für weithin wandernde Zellen sind Vorgänge der *Dissoziation* und *Aggregation*, deren Bedingungen im Explantationsexperiment geprüft wurden. Auch die *abgestimmte chemische Affinität*, die erforderlich ist, um die nötige Spezifität der Nervenleitungen von der Peripherie zum Zentrum zu gewährleisten, gibt der Untersuchung bisher unlösbare Rätsel auf. Affinitäten, *positive* und *negative Kontaktreaktionen* bringen Zellen und Blasteme in Berührungs- oder Sonderungssituationen, die für fortschreitende Differenzierung des Systems Voraussetzung sind.

Das Studium der Bewegungsprozesse, deren Vielfalt die wenigen eben genannten Bewegungsmöglichkeiten von Zellen und Blastemen weit übertrifft, hat bisher nur wenige Ergebnisse gebracht. Man weiß etwas über Arten und Funktionen der Bewegungserscheinungen in der Entwicklung, wie sie auch II, S. 167 f. besprochen sind, aber man kennt kaum kausale Bedingungen für Einsetzen, Ablauf und Ausmaß der Gestaltungsbewegungen.

Im Gegensatz zu den Verhältnissen im Plasma des besamungsbereiten Eies besitzen manche Organanlagenbezirke nicht von Anfang an eine Polarität und gewinnen sie erst durch *polarisierende Einflüsse* der Nachbarschaft. Durch sie wird das Material vorläufig ausgerichtet. Später wirkende polarisierende Einflüsse vermögen in den Organbildungen die Anordnung der Zellen zu beeinflussen und so eine mit dem Nachbarorgan harmonierende Formung hervorzurufen (S. 22 f.; II, 170 ff.).

Zum Komplex der Bedingungen für Organbildung gehören verschiedenartige Wachstumsfaktoren (S. 59). Diese regeln die *Zellvermehrung* wie bei der Anhebung der Säuger-Pankreasdrüsen oder der Imaginalscheiben der Insekten auf eine Mindestgröße der Differenzierung (S. 49, 83), oder auch das *Zellvolumen,* wie der für die Verlängerung der sensiblen und sympathischen Nerven des Hühnchenembryos isolierte Faktor (S. 35).

In dem Wirkungsablauf der genannten sehr unterschiedlichen Interaktionen sind an verschiedenen Stellen **genphysiologische Prozesse** eingeschaltet, die **in den innerzelligen Systemen** ablaufen. Wie man nach den Untersuchungen über die Bildung des Pigments im Insektenauge annehmen kann und wie es mit besonderer Klarheit auch an Stoffwechselreaktionen von dem roten Brotschimmelpilz *Neurospora* bestätigt ist, werden bei der Organentwicklung bestimmte plasmatische Reaktionsketten stufenweise genetisch vorbereitet. Ein Gen im *Kern* der Zelle bringt die Information zur Produktion eines Enzyms, welches eine bestimmte biochemische Reaktion, etwa eine Oxydation im *Zytoplasma* katalysiert (Abb. 32). Weitere Gene lassen Enzyme entstehen, die Folgestufen der Reaktionen katalysieren, so daß schließlich ein für die Differenzierung wesentliches Produkt im Zytoplasma gebildet werden kann.

Von blastematischen Systemen unterscheiden sich innerzellige grundsätzlich dadurch, daß von den in diesen reagierenden Partnern, Kern und Plasma, nicht jeder eine plastische Bildungsfunktion besitzt. *Kern und Plasma* sind Teilsysteme sehr verschiedener Art. Nur das Plasma entwickelt histologische Strukturen; durch sie erhält die differenzierte Zelle ihr Gepräge. Die differenzierte Zelle ist in der Regel durch einen ihr eigenen Stoffwechsel gekennzeichnet, der etwa zur Bereitstellung von Strukturproteinen, wie Myosin im Muskel oder Kollagen im Bindegewebe, von Sekretproteinen (Mucoproteinen), von Transportproteinen wie Hämoglobin, oder von Pigmenten führt.

Gene regeln das Ausmaß auch der Wachstumsprozesse. Ungeklärt ist, wie diese einen Richtungssinn erhalten. Möglicherweise entwickelt das Plasma selbst polare Strukturen, vielleicht unter der Einwirkung äußerer polarisierender Einflüsse.

Wie sich aus der Tatsache der *Pleiotropie der Gene* ergibt, gehen von einem einzigen Gen vielfach nicht nur verschiedenartige Reaktionen für die Differenzierung unterschiedlicher Organe aus, sondern dieses gleiche Gen kann auch in aufeinanderfolgenden Entwicklungsstadien für verschiedenartige Differenzierungsvorgänge aktiv werden. Dabei entfalten *von den Genen bereitgestellte Wirkstoffe auch außerhalb der produzierenden Zellen* ihre Wirkung.

Die in die Reaktionen des Plasmas eingreifenden Gene finden eine Lage vor, in welcher die gesamte Einzelzelle durchaus nicht starr, sondern im entwicklungsphysiologischen Sinne in sich beweglich, regulationsbefähigt ist. Selbst wenn in ihr, wie zum Beispiel beim Schmetterlingsflügel in der schuppenbildenden Zelle, eine bestimmte Differenzierungsqualität vorgebildet wurde, läßt sie sich doch noch auf andere Qualitätsstufen umstimmen. Polare Strukturen sind ebenso – nach den Untersuchungen an der Schuppenzelle – noch umkehrbar. *Genwirkung und sensible Periode der zugehörigen plasmatischen Reaktionsbereitschaft und Regulationsfähigkeit scheinen sich zeitlich zu überdecken.*

Die Frage, wie die Gene zeitgerecht in ihr Wirkungsstadium eintreten können, ist nur für Wirkstoffe, die von außen her an die Zelle herankommen, angegangen, für Hormone (S. 71 ff.), Wachstumsfaktoren (S. 35), Induktionsstoffe (S. 47). So mündet diese Frage zunächst in diejenige nach dem **Mechanismus übergeordneter Steuerung der Organbildung.** Für die Wirkungsweise der genannten Stoffe besitzt die *prospektive Potenz vom jeweiligen R e a k t i o n s s y s t e m überragende Bedeutung.* Durch das Reaktionssystem ist der Differenzierungsverlauf festgelegt. Doch *nehmen Wirkstoffe einen Einfluß auf den B e g i n n jeglicher Differenzierung.* Dies kann, wie S. 75 f. geschildert, *unmittelbar im Zellplasma* geschehen durch Modifizierung des Zellstoffwechsels oder aber *über Gene vom Zell-*

kern aus. Soweit auf die Wirkstoffe chromosomale Gen-Loci ansprechen, werden diese reversibel aktiviert. Nach derzeitigen Vorstellungen treten die Wirkstoffe entweder unmittelbar, wohl unter Mitwirkung regulierender Nicht-Histon-Proteine der Chromosomen, mit Strukturgenen in Verbindung (S. 74, 75), oder die Wirkstoffe nehmen mehr indirekt über Effektoren Einfluß auf die Genfunktion (S. 71 ff.). Sie vermögen Genrepressoren, allosterische Proteine, zu inaktivieren und so Operatoren in aktive Tätigkeit zu versetzen, oder aber umgekehrt Repressoren zu aktivieren und über den zugehörigen Operator die angeschlossenen Strukturgene zu blockieren. Damit bestätigt sich in vertiefter Form die schon von CORRENS gegebene Auffassung, nach der *bestimmte plasmatische Zustände die für den jeweiligen Differenzierungsschritt notwendigen Gene aktivieren.* Naturgemäß sind sowohl zytoplasmatische Wirkstoffketten, welche die genetischen Wirkungen auslösen, selbst nicht ohne ständige Genkontrolle denkbar, wie auch die Repressoren als Exponenten plasmatischer Zustände selbst wieder durch Regulationsgene bereitgestellt werden.

Wenn man versuchen will, hier im Anschluß an die Darstellung von Bildungsprinzipien der Organe etwas über den **Begriff der Differenzierung** auszusagen, wird diese Betrachtung möglichst alle Tatsachen einbeziehen, die Bd. I–III beschrieben sind. Insbesondere muß der Begriff der Differenzierung den Organisationsprinzipien des lebendigen Keimes gerecht werden. Die Bd. I, S. 188 gegebene Beschreibung des biologischen Systems bildet den Rahmen, innerhalb dessen das Wesen der Differenzierung abgehandelt werden kann. Wie Bd. I, S. 6 betont, ist der *Organismus als System* gekennzeichnet durch „die Mannigfaltigkeit der Teile und den sinnvollen Funktionszusammenhang“.

In dieser Sicht soll die Rahmendefinition des Begriffs Differenzierung lauten: *„Veränderung des Mannigfaltigkeitsgrades im biologischen System oder in seinen Teilen hinsichtlich der Substanz und Struktur, der Formung, sowie der Funktionsfähigkeit.“*

Bei einer *Zunahme der Mannigfaltigkeit* wird man von fortschreitender Differenzierung (progressiver, komplizierender Differenzierung, Roux), bei einer *Abnahme der Mannigfaltigkeit* von Dedifferenzierung (vereinfachende Differenzierung, Roux), bei Rückgang der Mannigfaltigkeit auf vorher progressiv beschrittenem Wege von Redifferenzierung sprechen. *Dem Grad der Mannigfaltigkeit des Systems sind bestimmte Funktionsmöglichkeiten des ganzen Organismus oder seiner Organe, Zellen zugeordnet.*

Zunahme oder Abnahme von Mannigfaltigkeit kann sowohl in bezug auf die räumliche Dimension des *Nebeneinander von Blastemen oder Zellen oder Plasmen,* wie in bezug auf die zeitliche Dimension des *Nacheinander,* der Aufeinanderfolge von Zuständen eines einzelnen Organismus oder von Zuständen eines seiner Teile eintreten.

Alle genannten Änderungen betreffen allein den *Mannigfaltigkeitsgrad* eines organismischen Systems und seiner Teilsysteme. Die tiersystematische Qualität, die Einmaligkeit der Gestalt, die Eigenheit der physiologischen Leistung, das Eingepaßtsein in die Umwelt bleiben erhalten. Lediglich ändern sich die Elemente der Gestalt: Substanz, Struktur, Formung, Funktionsfähigkeit. Es geschieht eine Umwandlung der Gestaltordnung. Bleiben die *Veränderungen* nicht in dem durch den Mannigfaltigkeitsgrad gegebenen Rahmen, sondern *sprengen die Qualität des Systems oder Teilsystems* wie auch den regulären Gang seiner Differenzierung, so spricht man von einer Umdifferenzierung. Sie führt zu neuer, bisher nicht im Plan des normalen Entwicklungsverlaufs liegender Umbildung des Systems.

Nach der oben gegebenen Definition des Differenzierungsgeschehens gibt es bei einem solchen Vorgang für den *Ausgangspunkt der Betrachtung nicht ein Stadium der Gleichartigkeit der Teile.* Ausgangsobjekte sind lediglich Blasteme, Zellen, Eier, oder aber Plasmabereiche, deren Architektur geringere oder stärkere Mannigfaltigkeit aufweist. Die Forderung nach einem einheitlich strukturierten Ausgangsstadium ist entstanden aus deskriptiver und vitalistischer Sicht. Experimentelle Ergebnisse, etwa die Entwicklung eines halben Keimes oder eines kleinen Teilbereichs einer Blastula zu ganzen Individuen, schienen solche Auffassungen zu bestätigen. Aber, abgesehen von allen Ausführungen dieses Buches über die Architektur des Eies: In einem „System“ kann es ein Stadium ohne Mannigfaltigkeit seiner Teile nicht geben.

So muß jede Erörterung über Differenzierung von diesem Zustand bereits vorhandener Mannigfaltigkeit ausgehen. Nützlich wird es für die Diskussion sein, obwohl im vorliegenden Kapitel lediglich die Prinzipien der Organbildung behandelt werden, auch die Probleme der Eidifferenzierung bis zur Körpergrundgestalt miteinzubeziehen.

Wie die Definition des Differenzierungsbegriffs andeutet, spielt sich die Differenzierung auf unterschiedlichen Ebenen des biologischen Systems, der formwechselphysiologischen wie der substanzwechselphysiologischen, ab.

Auf formwechselphysiologischer Ebene heißt Differenzierung: Neubildung oder Rückbildung der wahrnehmbaren Mannigfaltigkeit des Organismus, Neuentstehung oder Abbau der Gestalt und Gliederung von Körperteilen, Organen, Gewebs- und Zellstrukturen, sowie der ihnen zugehörigen Funktionen; Zunahme oder Abnahme der Quantität von Organen, Geweben, Strukturen (Bd. II, S. 10, 30, 59, 89, 118, 169. Bd. III, S. 9, 26, 39, 44, 61, 82, 94, jeweils ff). *Auf substanzwechselphysiologischer Ebene* würden als Differenzierung positive oder negative Änderung des Aufbaustoffwechsels und damit der Produktion von Proteinen, Kohlenhydraten, Fetten angesehen werden, wobei sich auch hier qualitative Veränderungen der Muster der Substanzen, wie auch quantitative Änderungen der Mengen etwa von Struktur- oder Sekretproteinen unterscheiden lassen (Bd. I, S. 139. Bd. II, S. 13, 77, 99, 108, 127, 156. Bd. III, S. 45, 48, 51, 71, 101, 108, 113, jeweils ff.).

Naturgemäß werden Form- bzw. Funktionsverschiedenheiten der Blasteme, Zellen und Plasmen durch eine Darstellung des Zustandekommens innerer Substanz- bzw. Strukturverschiedenheiten eine gewisse Aufklärung finden. So sind auf jeder dieser

Ebenen exakte Untersuchungen nötig, die wohl primär immer nur einzelne Differenzierungsvorgänge betreffen, deren Ergebnisse aber dann zueinander in Beziehung zu setzen sind. Der formwechselphysiologische Aspekt wird dabei Probleme zur Kausalität der Gestaltungsprozesse aufwerfen, die jeweils auf molekularer Ebene ihre Lösung finden müssen. Molekularbiologische Ergebnisse wiederum gewinnen nur dann biologischen Sinn, wenn man sie im Rahmen der Verhältnisse des funktionsfähigen ganzen Keimes sieht.

So verschiedenartig die Prozesse der Differenzierung im einzelnen sind, so klar zeichnen sich doch bestimmte allgemeine Wege des Differenzierungsverlaufs ab. Sie können nicht besprochen werden, ohne zugleich die differenzierenden Faktoren herauszuheben.

Die Faktorenbereiche des Eies, die als leicht erkennbar nur bei stark differenzierten, d. h. bei dem mit sichtbarer Mannigfaltigkeit ausgestatteten Eitypus hervortreten, sondern sich in „ooplasmatischer Segregation" voneinander und führen dann eigenständige Bewegungen durch (Bd. I, S. 71 ff.). Segregation und Bewegung sind zwei Mittel zur Herstellung größerer Mannigfaltigkeit, die *in Blastomeren wie in Blastemen* zu beobachten sind.

Anschließend an experimentelle Feststellungen über die *Herkunft und Lokalisation der differenzierenden Faktoren* ergeben sich *zwei mögliche Differenzierungsmodi: Selbstdifferenzierung und abhängige Differenzierung* (Bd. I, S. 170).

Selbstdifferenzierung kann immer nur für einen klar abgegrenzten Bereich gefordert werden. Sie setzt voraus, daß aus der in diesem Bereich vorhandenen Mannigfaltigkeit Anstöße für die weitere Differenzierung hervorgehen. Naturgemäß ist völlig reine Selbstdifferenzierung, wie schon ROUX betonte, nicht verwirklicht, weil stets mindestens einige klimatische Faktoren von außen her dem System zugeführt werden. Es können jedoch beim tierischen Keim alle wesentlichen, die Änderung des Mannigfaltigkeitsgrades bestimmenden Faktoren einschließlich derjenigen für Bewegungsreaktionen in diesem enthalten sein.

Selbstdifferenzierung, die natürlicherweise den tierischen Eiern außer denen der Säuger und Parasiten zukommt, wurde vielfach in Fragmenten von Eiern und in Furchungsblastomeren, sowie Teilstücken von Blastulae aufgewiesen (II, S. 10 ff.). Immer werden dabei auch entscheidende Differenzierungsfaktoren durch Wechselwirkungen zwischen Plasma und Kern aktiviert (Bd. I, S. 129 f.).

Bei manchen Faktorenbereichen bedarf es häufig zunächst der Proliferation, um sie differenzierungsfähig zu machen. Auch dann, wenn eine einzelne Organzelle in vitro aufgezogen wird, muß zunächst eine Mindestanzahl von klonalen Zellen vorhanden sein, bevor Selbstdifferenzierung beginnen kann. Ebenso ist Proliferation ein Mittel, den Grad der Mannigfaltigkeit in einem Blastem zu steigern, insofern als bei der Zellvermehrung Zytoplasma-Konstituenten ungleichmäßig verteilt werden können (vgl. S. 116).

Als abhängige Differenzierung, Differenzierung mittels Interaktion, bezeichnen wir die Differenzierung eines Keimteiles bzw. einer Organanlage, wenn die Erhöhung der in ihr enthaltenen Mannigfaltigkeit nur durch Einwirkung von Faktoren der Umgebung geschieht. Solche Faktoren sind z.B. *Hormone*. Ihre von außen an die Organzellen herangebrachte *Wirkung* kann auf zweierlei Weise zum Tragen kommen. Sie wird entweder *über ein im Erfolgsorgan vorhandenes Protein, den „Hormonrezeptor“* eingeleitet, also durch *biochemische Reaktionen im Zytoplasma* (S. 75). Oder die Einwirkungsweise des Hormons ist verwickelter und bedarf *der Mitwirkung von Genen in den Kernen der reagierenden Zellen.* Ecdyson setzt bei Zweiflügler-Larven durch Eingreifen in das Kontrollsystem der Gene starke Induktion von Enzymen in Gang, die zur Produktion von Sklerotin im Zytoplasma der Larvenhautzellen führen (S. 71). Die abhängige Differenzierung erfolgt damit, wenn man die stadienspezifische Puffmuster-Bildung in den Chromosomen der *Drosophila*-Speicheldrüse als Modell nehmen darf, auf dem Wege über eine *selektive Aktivierung von Genen* im reagierenden Organ (S. 65 ff.).

Einer solchen abhängigen Differenzierung im hormonalen System vergleichbar ist die *Interaktion zwischen Histosystemen,* etwa wenn von Chorda und Neuralrohr aus in Ursegmenten die Bildung von Knorpel induziert wird (S. 49 f.), oder wenn im Pankreas-Epithel nach einer Induktion durch Mesenchym sich die Drüsenläppchen durch Ansammlung von Ribosomen und später von Zymogengranula auszeichnen (S. 44).

Dagegen muß man wohl die Differenzierung im Reaktionssystem auf *embryonale Induktion* hin als einen wesentlich verwickelteren Vorgang ansehen. Er spielt sich nicht zwischen bereits funktionsfähigen Organen ab, wie die Hormonwirkung, auch nicht zwischen organeigenen Gewebsbildungen, deren Interaktionen die Histosysteme ausdifferenzieren. Embryonale Induktion wirkt im Unterschied dazu von Blastem zu Blastem und zielt auf eine gestaltliche Formung des induzierten Blastems. Die Mannigfaltigkeit entsteht durch Ausbildung eigener Induktoren in segregierenden Blastemen. Das geschieht z. B. im Urdarmdach der Amphibien. Zu den *Vorbedingungen des blastematischen Induktionserfolges gehören außerdem ganz bestimmte gestaltliche Umformungen der Zellen im reagierenden Blastem, an denen das Genom bedeutsamen Anteil hat* (II, S. 144 ff.).

In kurzer Vergegenwärtigung der bisherigen Diskussion sei noch einmal einiges Grundsätzliche zur Anwendung des Differenzierungsbegriffs auf den Organismus gesagt:

1. Stets ist der räumliche Umfang des Systems anzugeben, dessen Differenzierung untersucht wird: Ein Ei, ein Plasmabereich, eine Zelle, ein Blastem. Die Mannigfaltigkeit des Systems nimmt durch veränderte Zustände der Teile, welche in diesen Raumgebilden vorhanden sind, zu oder ab, auf Grund der Wirkung allein eigener, oder auch von außen kommender Faktoren. So sind Feststellungen über den Verlauf der Differenzierung durch Beobachtung und Vergleich möglich. Differenzierungsfaktoren offenbart nur das Experiment (Bd. I, S. 6 ff.).

2. Da der Differenzierungszustand eines Systems durch seinen Mannigfaltigkeitsgrad und den Grad seiner Funktionsvielfalt bestimmt ist, wird jedes Experiment, das Aussagen über

die Differenzierungsfaktoren ermöglichen soll, Systembedingungen klarlegen müssen, die eine Abänderung des Mannigfaltigkeitsgrades in Substanz, Struktur, Form und Funktion hervorrufen (vgl. Bd. I, S. 31–61, 170 ff.).

3. Zur Beurteilung des Differenzierungsvorganges in einer Einzelzelle wird die neu entstandene Mannigfaltigkeit verglichen mit dem früheren Zustand in der gleichen Zelle.

4. Bei einer Blastemzelle kann man den Differenzierungsverlauf auf dem eben genannten Wege feststellen, soweit in aufeinanderfolgenden Stadien die gleiche Zelle wiederzuerkennen ist.

5. Über den Differenzierungszustand des ganzen Blastems kann man sich nur orientieren, wenn man jeweils für aufeinanderfolgende Stadien den Differenzierungszustand jeder Zelle mit dem aller Nachbarzellen vergleicht. Dann ergibt sich eine Übersicht über den Mannigfaltigkeitsgrad des ganzen Blastems in bestimmten Entwicklungsstadien, und man kann feststellen, wie weit sich das Blastem „differenziert" hat.

6. Die Differenzierungsaussage ist nur exakt, wenn die Vergleichsbasis (1) nicht gewechselt wird; sonst bekommt der Begriff der Differenzierung einen ungenauen Sinn. Man stellt fest, entweder: Die einzelne Blastem z e l l e differenziert sich, indem sich die Anzahl und Anordnung ihrer Kern- oder Plasmakonstituenten ändert und sie so einen anderen Mannigfaltigkeitsgrad gewinnt, oder aber: Das B l a s t e m differenziert sich. Die Zellen werden verschieden, die Systemeigenschaften des Blastems ändern sich. – Derartig exakt auf Zelle oder Blastem bezogene Aussagen sind nötig, weil der Organismus nicht ein einfaches System ist, sondern in seinem System hierarchisch ineinander eingeschachtelte Stufen repräsentiert (Bd. I, S. 189 f.), wie eben Zelle und Blastem.

Eine besondere Schwierigkeit erhebt sich stets, wenn versucht wird, Differenzierungsmerkmale des Blastems aus denen der Zellen abzuleiten, die das Blastem aufbauen. *Zelle* und *Blastem* sind zwei unterschiedliche Systeme. Bei dem umfassenderen System des Blastems treten Eigenschaften auf, die wir vom Verhalten der Einzelzelle her nicht kennen (Bd. I, S. 190). Das Blastem aber geht aus dem Ei hervor. Nur die kritische Betrachtung dieser Systeme, wie auch ihres Differenzierungsverhaltens im Gesamtvorgang der Embryonalentwicklung, läßt gegenüber der Gegensätzlichkeit der Systemgestaltung von Ei- und Blastemzelle die *Einheitlichkeit des Differenzierungsvorgangs beim Übergang von Ei zu Blastem* sichtbar werden.

Ei und Blastemzelle. Beide Systeme sind, formal gesehen, Zellen. Beide besitzen Kern und Plasma. Während jedoch die Blastemzelle Teil eines Zellverbandes ist, und bei einer Vereinzelung immer wieder, wie etwa eine Neuralleistenzelle, zur Aggregation neigt, erweist sich die Eizelle als ein für sich abgeschlossenes, solitär lebensfähiges Ganzes. Ihr Plasma besitzt eine klare Richtungsorganisation und Architektur, in der neben Nähreinrichtungen besondere plasmatische Faktorenbereiche ihren Platz finden. Die Blastemzelle vermehrt sich innerhalb ihres Verbandes und läßt ihn dadurch anwachsen. Das reife Ei ist nicht Teil eines Verbandes, sondern dessen Urheber. Wenn der Eikern beginnt, sich mitotisch zu teilen, dann tritt das Ei in eine der Blastemzelle nicht vergleichbare Phase ein, durch die die Bildung von Blastemen möglich wird, die *Furchung:*

Das Ei wird in Zellen eingeteilt, und diese werden mit Kernen versorgt. Die gesamte Architektur des Eiplasmas durchzieht sich mit einem Netzwerk von Zellen. Am Ende des Blastula- oder Blastodermstadiums sind Zellen von Artgröße gebildet worden. Aber diese besitzen nicht den gleichen morphologischen Wert wie den einer Eizelle. Zwar lassen sich die Kerne von Ei- und Blastemzelle vergleichen, weil der Eikern durch seine mitotische Tätigkeit alle Kerne der späteren Blastemzellen liefert. Das Ooplasma des Eies jedoch kann man nur dem Zytoplasma aller Zellen des Blastulastadiums gleichsetzen.

Zwischen dem Ei- und dem Blastulastadium ist demnach ein Differenzierungsfortschritt, eine Vermehrung von Mannigfaltigkeit im Vergleich zur Eiarchitektur nicht oder nur bedingt eingetreten. Lediglich hat sich durch die Kernvermehrung und die Zelleinteilung des Eies das Ooplasma-Areal je Kern verkleinert. Der Weg von den Genen zu den Ooplasma-Konstituenten wurde verkürzt. Die Ooplasma-Architektur des Eies dagegen ist genau auf das Areal der gesamten Blastula übergegangen. Und da aus den vielen Experimentalergebnissen (I, S. 55 ff.) deutlich wurde, wie klar die Architektur des Eiplasmas nach allen Achsenrichtungen hin den Eiteilen eine Mannigfaltigkeit verleiht, so muß das Blastoderm als Nachfolgeorganisation des Eies in den einzelnen Teilstücken seiner Architektur, in den Zellen, ein sehr unterschiedliches Zytoplasma besitzen.

Unter dem Eindruck der Feststellung, daß in der Entwicklungsphase vom Ei bis zur Blastula bzw. dem Blastoderm in Hinsicht auf die Bildung der Körpergrundgestalt und Organsonderung außerhalb der sozusagen „technischen" Umgliederung eine Vermehrung von Mannigfaltigkeit nicht stattfindet, läßt sich der Differenzierungsprozeß vom Ei- und Blastulastadium aus sehr einheitlich beschreiben. Es ist die Schwierigkeit behoben, Blastemgeschehen allein aus den Funktionen einer Zelle herleiten zu müssen.

Während auf der Zellebene Wechselwirkungen von Plasma und Kern, die selektiven Aktivierungen der Gene, Produktion von Zellkonstituenten das Hauptinteresse einnehmen, geht es bei der Untersuchung der Blasteme um Probleme, denen man niemals in der Einzelzelle, sondern erst im Zellverband begegnet, die speziell auch bei Interaktionen auftreten. Dies sind Zellkontakt, seine Verstärkung oder Verminderung, Blastemformung, Ein- und Ausdellung, polare Ausrichtung, Bildung von Adhäsionsfeldern zur aktiven Zugwirkung von Blastem zu Blastem (II, S. 91 f.). Für solche Blastemreaktionen, die ja im Hinblick auf die durch sie ermöglichten Gestaltbildungen systemgerecht geordnet sein müssen, zureichende Erklärungen aus Reaktionen von solitären Zellen zu erarbeiten, dürfte nicht möglich sein (vgl. I, S. 190). Glücklicherweise sind überzellige systemeigene Beziehungen zwischen den Blastulazellen, insbesondere ihrem Plasma zu finden, wenn man die Blastula auf das Ei rückprojiziert. In der Struktur des Ooplasmas müssen bereits sowohl die intrazellulären wie die interzellulären Reaktionen angelegt sein, die in den späteren Stadien für die Entwicklungsfunktion der Blasteme bei der Bildung der Körpergrundgestalt und der Organe wesentlich sind.

Daß diese Rückprojizierung der Blastemzellen in die Eizelle

hinein ein durchaus legitimes Vorgehen ist und nicht nur deskriptiv, sondern auch experimentell begründet werden kann, lassen mehrere Ergebnisse erkennen: Die Aktivierung des Oberflächenhäutchens am Amphibienei zur Bewegung im Sinne der Invagination der Gastrula (II, S. 131), die Befähigung von Teilen des grauen Halbmondes im frühen Furchungsstadium zur Induktion eines Achsensystems (II, S. 124), und die Differenzierung des Annelideneies ohne Furchung zur Trochophora (II, S. 20 f.). Die Befunde fordern dazu auf, nach weiteren Beziehungen zwischen der plasmatischen Eiarchitektur und derjenigen der folgenden Entwicklungsstufen zu suchen, in denen Zellen und Blasteme in sinnvoller Lokalisierung dieser Architektur folgen. Man kann, wenn man seinen Gedanken einmal freien Lauf lassen darf, wohl hoffen, daß es *molekularbiologische Modelle* geben muß, durch die der *kausale und systemgesetzliche Zusammenhang* von einzelnen Molekülgruppierungen im Eiplasma zu bestimmten Zellkonstellationen in Blastemen für die Bildung der Körpergrundgestalt und der Organe klar wird. Auch das Geheimnis der *Korrelation der Teile,* ein entscheidendes Kennzeichen für die *Systemgesetzlichkeit* der Organismen, dürfte durch solche Modelle der Aufklärung näher gebracht werden können. Wieviel Schwierigkeiten des Verständnisses bis dahin noch aus dem Wege zu räumen sind, besonders auch in Hinsicht auf die Erfordernisse der *Regulationsfähigkeit* des Organismus, stellt uns die Lektüre von Band I, S. 81 ff. und 174 ff. in etwa vor Augen.

Die Definition des Begriffes der Differenzierung, die nunmehr kurz zusammengefaßt lauten dürfte: *Stufenweise Segregation im Organismischen System, Auftreten von Bewegungsprozessen und nachfolgende Aktion oder Interaktion von segregierten Teilsystemen,* bringt jedenfalls dem Experimentator unmittelbar eine Arbeitshypothese: Die unendliche Kleinarbeit über Ei-, Zell- und Blastemfunktionen, wie sie hier abgehandelt wurde, wird er erweitern und versuchen, dem Wesen dieses Prozesses näher zu kommen, der innerhalb der tierischen Entwicklung immer wieder abläuft und von dem Wilhelm Roux (1912) sagt: Differenzierung der Lebewesen stellt das eigentliche Geschehen der „Entwicklung“ dar.

Bei Überlegungen zur „Urzeugung" von Organismen aus anorganismischem Material stellt naturgemäß die Entstehung eines lebensfähigen Systems das schwierigste Problem dar. Aufbaufunktionen wie Selbstreproduktion und Evolution entfalten sich nur in dazu geeigneten Systemen. M. EIGEN begründete eine Theorie der „Molekularen Selbstorganisation". Danach können Makromoleküle, ähnlich heutigen Nucleinsäuren und Proteinen, aus ungeordnetem Zustand heraus sich zu geordneten Gebilden zusammenschließen. Die Vorgänge molekularer Selbstorganisation, die Entstehung genetischer Urinformation, ihre Vervollkommnung durch Selektion und ihre Erhaltung durch Selbstreproduktion sind mit rein physikalischen Mitteln, insbesondere der Quantenmechanik und der Thermodynamik, exakt beschreibbar. Naturgemäß betrifft dies lediglich Grundvorgänge. Sie sind aber experimenteller Prüfung (SPIEGELMANN) zugänglich.

Innerhalb des Gesamtkomplexes Entwicklung, der alle Veränderungs-, Bildungs- und Umbildungsvorgänge, also auch solche der Rückbildung, umfaßt, sind die Differenzierungsprozesse für den Untersucher Teilprozesse. Sie leiten die Entwicklung im wesentlichen durch Sonderung und Spezifizierung von Zellelementen, Zellen und Blastemen ein und haben von da aus besondere Arten von Materialbewegungen und Formungen, im ganzen eine komplizierende Gestaltbildung zur Folge. Man muß, wie es oben S. 122 geschehen ist, den Begriff „Differenzierung" sehr weit fassen, um die im Entwicklungsverlauf auftretenden Prozesse vereinfachender Gestaltbildung miteinzubeziehen. Auch sie lassen sich als Teilprozesse der Entwicklung einzeln untersuchen. Der Begriff „Differenzierung" hebt einen einzelnen Aspekt der Entwicklung in die Sphäre des Experimentators, indem er erlaubt, das Problem für die Untersuchung jeweils exakt zu stellen und analytisch zu behandeln, während uns durch den Begriff „*Entwicklung*" der große Rahmen des Geschehens vor Augen gestellt bleibt, der Bd. I, S. 168 gekennzeichnet wurde als *Umwandlung des Organismus von Form zu Form, von einer Gestaltordnung zur anderen,* vom Ei zum Adultus und wieder zum Ei zurück.

Erklärung von Fachausdrücken

(Vgl. auch Verzeichnis Band I und Band II)

A c h s e n s y s t e m : Kennzeichnende Systemteile in der Längsachse des Wirbeltierembryo: Neuralrohr mit Sinnesorganen, Chorda, Myotom, Splanchnotom (Seitenplatten), Darm.

a c i n ö s e D r ü s e : Bei dieser führen die Drüsengänge beerenförmige Endstücke, z. B. bei der sehr verästelten Pankreasdrüse (lat. *ácinus* = Weinbeere).

a d e n o t r ō p e s H o r m o n : Hormon, welches nicht unmittelbar, sondern auf dem Wege über andere Hormondrüsen wirkt (gr. *adēnos* = Drüse; *trépesthai* = sich zuwenden).

A d h ä s i o n s f e l d : Sekretschicht an der Basis der Zellen eines Blastems, so daß Möglichkeit zur Anheftung von anderen Zellen oder Blastemen gegeben ist (lat. *adhaerēre* = ankleben).

A f f i n i t ä t : Positive oder negative Tendenz von Plasmen, Zellen oder Blastemen zum Zusammenschluß (lat. *affīnitas* = Verwandtschaft).

Á g e n s : (plur. Agéntien): Wirkstoff (lat. *ágere* = in Bewegung setzen).

A g g r e g a t i o n : Zusammenscharung, Anhäufung, Zusammenschluß von Zellen (lat. *aggregāri* = sich beigesellen, sich zur Herde scharen).

A k t i o n : siehe Reaktion.

A k t i o n s s y s t e m : Organismischer Faktorenbereich. Im allgemeinen steht dieser zu anderen Faktorenbereichen in Beziehung, die dem Aktionssystem gegenüber ein „Reaktionssystem“ darstellen. Zum Beispiel können ein induzierendes System als Aktionssystem, das dazu kompetente System als Reaktionssystem bezeichnet werden (lat. *áctio* = das Tun, Handeln; *rē* = zurück, gegen).

Allele: Durch Mutation entstandene Zustandsformen eines Gens, die phänotypische Unterschiede zur Ausgangsform hervorrufen. Da sämtliche Allele dem gleichen Genlocus zugehören, liegen sie in einem diploiden Chromosomensatz einander in homologen Chromosomen als Gegengene gegenüber (gr. *allélōn* = wechselseitig; *morphē* = Gestalt).

Allelie-Test; s. Komplementationstest

allometrisches Wachstum (Heteroaūxesis): Wachstum mit unterschiedlicher Geschwindigkeit in den verschiedenen Körperachsen, bezogen auf die Wachstumsgeschwindigkeit des ganzen Körpers. Die Wachstumskonstante des Teiles kann dabei gleich der des Ganzen, oder kleiner (negativ allometrisches Wachstum, Bradyaūxesis), oder größer sein (positiv allometrisches Wachstum, Tachyaūxesis). Gegensatz: isometrisches Wachstum, mit gleichem Ausmaß in allen Körperrichtungen, Isoaūxesis (gr. *állōs* = auf andere Weise, anders; *métron* = Maß; *héteros* = ungleich; *aūxein* = vergrößern, zunehmen; *bradýs* = langsam; *tachýs* = schnell; *ísos* = gleich).

Allosterie: Veränderung der Raumstruktur und damit der enzymatischen Wirksamkeit eines Proteins durch den Einfluß einer meist niedermolekularen Verbindung (gr. *állōs* = andersartig; *stereós* = hart, starr).

allotypische Differenzierung: Bedeutungsfremde, d. h. nicht normentsprechende Differenzierung (gr. *állōs* = andersartig; *týpos* = Gepräge).

Amplifikation: Vervielfachung von Genen durch Auftreten von Kopien, z. B. bei Genen für die Produktion von RNS in manchen Oozyten (Amphibien, Insekten) und bei Histongenen; siehe Redundanz (lat. *amplificāre* = vermehren, verstärken, erweitern).

Árchencéphalon: Anfangshirn = Prosencephalon des dreiteiligen embryonalen Wirbeltiergehirns, aus welchem das Endhirn (Telencephalon, Großhirn) und das Zwischenhirn (Diencephalon) hervorgehen. Bei Amphibienembryonen ist das Árchencephalon nicht von der Chorda dorsalis, sondern von der prächordalen Platte unterlagert (gr. *kephalē* = Kopf;

archē = Anfang; *en* = darin; *prōtos* = vorderster; *télos* = Ende, Ziel; *diá* = zwischen ... hin).

Assimilatorische Induktion: Induktion im Sinne der Angleichung an den Differenzierungszustand des induzierenden Gebildes (lat. *assimilātio* = Angleichung).

Auto-Induktion: Selbständige Aktivierung von Zellen zu Leistungen (z. B. Neuralplattenbildung in Ektoblastemzellen), die normalerweise nur durch Fremdinduktion ermöglicht werden (gr. *autós* = selbst; lat. *indūcere* = hineinbringen, veranlassen).

autotypische Differenzierung: Bedeutungseigene, d. h. normentsprechende Differenzierung (gr. *autós* = selbst; *týpos* = Gepräge).

BALBIANI-Ring: Größere Anschwellung von einem Riesenchromosomenabschnitt als bei normalem puffing, ausgezeichnet durch besonders starke lokale Aufsplitterung und periphere Schleifenbildung der Chromosomen, sowie durch um Größenordnungen stärkere RNS-Synthese. BALBIANI-Ringe kontrollieren als Gen-Loci Funktionen, die den Stoffwechsel der differenzierten Zelle besonders auszeichnen. Zwischen den beiden Typen des puffing gibt es fließende Übergänge.

Bastard: Mischling, Nachkomme von Eltern verschiedener systematischer Einheiten. Im engsten Sinne bezogen auf einzelne mendelnde Erbfaktoren: Organismus mit unterschiedlichen Allelen in homologen Chromosomen (mittellat.).

Bastard-Merogon: Individuum aus einem Eibruchstück mit einem erbmäßig unterschiedenen, meist art- oder gattungsfremden väterlichen Kern (gr. *méros* = Teil, *gónē* = Geburt, Sproß).

-blast: Endigung zur Bezeichnung von Bildungszellen (gr. *blástos* = Keim, Sproß).

Blastēm: Bildungsgewebe aus embryonalen Zellen (gr. *blástēma* = Keim, Sproß).

Blastoderm: Zellschicht, die am Ende der Furchung den massigen Dotter des Insekteneies umgibt und der Oberflächenschicht einer Blastula entspricht (= Periblastem) gr. *blástos* = Keim; *dérma* = Haut).

Brachial-Plexus: Netzartiges Nervengeflecht an der Basis der Vorderextremitäten (gr. *brachíōn* = Arm; *plektós* = geflochten; lat. *pléktere* = flechten).

Cardioblast: Herzbildende Zelle (gr. *cardía* = Herz; *blástos* = Keim).

Cauda: Schwanz (lat. *cauda* = Schwanz).

Chemotáxis: Freie Bewegung auf chemische Reize hin (gr. *táxis* = Anordnung, Bestimmung).

Chimäre: Organismus, dessen Teile verschiedenen systematischen Einheiten angehören (gr. *Chímaira* = feuerspeiendes Untier in Lykien).

Chorda dorsalis: Rückensaite, Stützorgan der Wirbeltiere (lat. *chórda* = Darmsaite; *dórsum* = Rücken).

Chorion: Bei Insekten Eihülle, abgesondert vom Follikelepithel (lat. *follículus* = überziehende Haut; gr. *chōrein* = Raum haben, um (als Gefäß) etwas aufnehmen zu können).

Cis/trans-Test: siehe Komplementationstest.

Coat: Hyaline Oberflächenhaut. Strukturlose, bei Echinodermen im elektronenoptischen Bild zweischichtige, der Eioberfläche nach der Besamung aufliegende und sich während der Furchung erhaltende hyaline Membran (engl. *coat* = Überzug, Schicht).

Competenz: Reaktionsbereitschaft (lat. *compétere* = fähig sein); s. Kompetenz.

Cortex, Cortikalplasma: Rinde, Ektoplasma des Eies bzw. äußere Teilschicht des Ei-Ektoplasmas (lat. *córtex* = Rinde).

Cutikula: Von Hautaußenzellen bei Gliederfüßlern abgeschiedenes Außenskelet aus Protein und Chitin. Es ist membranartig, biegsam oder aber härter, kann auch durch Kalkeinlagerung völlig verhärtet (sklerotisiert) sein (lat. Verkl. von *cūtis* = Haut; gr. *sklērós* = hart).

Cutis: Unterhaut der Wirbeltiere (lat. *cūtis* = Haut).

Dedifferenzierung: Entdifferenzierung, siehe Differenzierung (lat. *dē* = von ... weg; *differéntia* = Verschiedenheit).

Deplantation: Einpflanzung abseits der normalen Umgebung (lat. *dē* = von ... ab; *plantāre* = pflanzen).

Derepression: Entblockierung, siehe Repressor (lat. *dē* = von ... weg; *reprīmere* = zurückdrängen).

Determination: Bestimmung der Keimteile für ihre Entwicklungsaufgabe, so daß sie der Selbstdifferenzierung im Sinne dieser Aufgabe fähig sind (lat. *determināre* = begrenzen, bestimmen).

Deūterencéphalon: Zweitgehirn = Mesencephalon + Rhombencephalon des dreigeteilten embryonalen Wirbeltiergehirns, aus welchem das Mesencephalon (Mittelhirn), das Metencephalon (Hinterhirn) und das Myelencephalon (Nachhirn, verlängertes Mark) hervorgehen. Bei Amphibien ist das Deuterencephalon embryonal von der Chorda dorsalis unterlagert (gr. *deūteros* = zweiter; *kephalē* = Kopf; *en* = darin; *mésos* = mittlerer; *rhómbos* = Kreisel, übertr. Raute, Rhombus = schiefwinkliges gleichseitiges Viereck; *metá* = dahinter, danach; *myelós* = Mark, Gehirn).

Díencéphalon: Zwischenhirn im fünfgliedrigen embryonalen Wirbeltiergehirn, siehe Archencephalon.

differentielle Zellteilung: Teilung mit unterschiedlichen Tochterzellen (lat. *dífferens* = verschieden, unähnlich).

differenziertzellig: Keim aus Zellen verschiedenartiger Qualität bestehend (lat. *differéntia* = Unterschied, Verschiedenheit).

Differenzierung: Verschiedenwerden der Keimteile. In allgemeiner Fassung: Veränderung des Mannigfaltigkeitsgrades im biologischen System hinsichtlich Substanz und Struktur, der Form und der Funktionsfähigkeit. Zum Ablauf der Differenzierung gehören: Stufenweise Segregation, Auftreten von Bewegungsprozessen und nachfolgende Aktion oder Interaktion von segregierten Teilsystemen (lat. *differéntia* = Unterschied, Verschiedenheit).

Disaggregierung: Zerstreuung von miteinander verbundenen, in Kontakt befindlichen Zellen (lat. *dis* = auseinander; *aggregāri* = sich anschließen).

dissoziieren (im biologischen Bereich): vereinzeln, zerstreuen von Zellen (lat. *dissociātio* = Trennung; *dissociāre* = auseinander gesellen).

dorsal: An der Rückenseite (lat. *dórsum* = Rücken).

Ecdysōn: Wirkstoff des Prothorakal-Hormons der Insekten, biochemisch als Steroid-Hormon gekennzeichnet (gr. *ekdȳein* = herausschlüpfen).

Effektor: Kontrolliert z. B. die Synthese von Enzymproteinen. Als kleines spezifisches Molekül kann es den Repressor zu positiver oder negativer Wirkung auf ein Operon abändern (allosterischer Effekt) (lat. *effector* = Hersteller, Urheber).

Einsteckversuch: Testung der induzierenden Fähigkeiten von Blastemen oder von Substanzen. Man führt sie in das Blastozöl einer Amphibienblastula ein. Wirkstoffe werden dabei zweckmäßig von Agar umhüllt.

Ektoblastēm (Ektoderm): Haut, Hautderivate und Nervensystem bildende äußere Keimschicht (gr. *ektós* = außen; *blástema* = Keim, Sproß; *dérma* = Haut).

Ektoplasma: Äußere, meist sehr dichte Plasmaschicht, Außenplasma der Zelle, welches die Rinde (Cortex) des Eies als äußerste Schicht enthält oder ihr gleichkommt (gr. *ektós* = außen; *plásma* = Gebilde).

Energide: Zellkern mit der ihn umgebenden und mit ihm in physiologischer Wechselwirkung stehenden Portion von Protoplasma, meist im Verband eines Plasmodiums. Energiden besitzen die Potenz, nach ihrer Isolierung typische, lebensfähige Zellen zu bilden. Wie eine Zelle muß die Energide als elementare Einheit des Organismus angesehen werden (gr. *enérgeia* = wirksame Kraft).

Entoblastēm (Entoderm): Innere, den Darm und seine Anhangsorgane bildende Keimschicht (gr. *entós* = innen; *blástema* = Keim, Sproß; *dérma* = Haut).

Entoplasma: Innenplasma des Eies oder der Zelle, das sich oft vom Außenplasma durch geringe Dichte und mehr Einschlüsse unterscheidet (gr. *entós* = innen; *plásma* = Gebilde).

Enzȳm: Reaktionsbeschleunigendes Protein. Als Biokatalysatoren erniedrigen Enzyme spezifisch die zur Einleitung einer Reaktion notwendige Aktivierungsenergie (gr. *én* = inmitten; *zymoūn* = in Gärung setzen).

Epidermis: Oberhaut, aus dem Ektoblastem hervorgehend (*epi* = darauf; *dérma* = Haut).

Erythropoiēse: Ausbildungsvollzug von Roten Blutzellen, Erythrozȳten (gr. *erythrós* = rot; *poiein* = machen, herstellen, vollbringen; *kýtos* = Gefäß, Zelle).

Eukaryonten: Organismen, deren Zellen sich durch einen Kern mit regulären Organisationsmerkmalen bzw. denen von Energiden auszeichnen. Diese Merkmale fehlen den kernäquivalenten Strukturen der Prokaryonten: Bakterien und Blaualgen (gr. *eū* = gut; *káryon* = Nuß; *pró* = vor).

Explantation: Kultivierung isolierter Blasteme oder Gewebe in künstlichen oder natürlichen Medien außerhalb des Organismus (lat. *ex* = heraus; *plantāre* = pflanzen).

Faktor: Teilursache, die materiell oder aber allein nach ihrer Wirkung bestimmt sein kann (lat. *fácere* = machen, bewirken, hervorbringen).

Faktorenbereich: 1. plasmatischer F. = Ei- oder Zellbezirk, dessen Protoplasma durch seinen Gehalt an besonderen Faktoren zu bestimmten Aktionen im Entwicklungsverlauf befähigt ist. – 2. blastematischer F. = Eine Zellgruppe enthält besondere Faktoren und ist zu bestimmten

Entwicklungsleistungen befähigt (lat. *fácere* = machen, bewirken, hervorbringen).

feeder cells-Methode: Kultur von Einzelzellen auf einer Lage von „Ernährer"-Zellen, deren Vermehrungstätigkeit durch Röntgenbestrahlung ausgeschaltet ist. Dennoch befinden sie sich in aktiver Stoffwechseltätigkeit (engl. *feeder* = Viehmäster, Fütterer).

Ferment: Eiweißkörper, der durch seine Gegenwart als Biokatalysator in kleinster Menge bestimmte Stoffumsätze beschleunigt; Syn. Enzym (lat. *fermentum* = Sauerteig).

Fibroblast: Bildungszelle des faserigen Bindegewebes (lat. *fibra* = Faser; gr. *blástos* = Keim).

Follikel: Hüllschicht für die Eizellen, welche vielfach auch ihrer Ernährung dient (lat. *follículus* = kleiner lederner Schlauch).

Frontalebene: Erstreckt sich bei bilateral-symmetrischen Tieren senkrecht zur Medianebene, parallel der Ventralseite (lat. *fróns* = Vorderseite).

Funktionswachstum: Postmitotisches Wachstum bei Zellen, die sich nicht mehr teilen (Nervenzellen, Knochenzellen u. a.).

Generalisierende Induktion: Wird als Methode naturwissenschaftlicher Forschung der „exakten" Induktion gegenübergestellt. Beide Wege der Induktion, d. h. der vom besonderen Fall aus auf das allgemeine schließenden Methoden, werden nach M. HARTMANN weitgehend von den Untersuchungsmethoden in der Biologie verwirklicht (Bd. I, S. 7 ff., 166 f.), die generalisierende Induktion von der vergleichenden, die exakte Induktion von der experimentellen (lat. *indūcere* = hineinführen, hinleiten; *generālis* = zur Gattung gehörig, allgemein).

glandotropes Hormon: Hormone, welche nicht unmittelbar, sondern auf dem Wege über andere Hormondrüsen wirken (lat. *glans* = Eichel [Drüse]; gr. *trépesthai* = sich zuwenden).

H e m i m e t a b o l a : Insekten mit unvollkommener Verwandlung. Allmähliche Umbildung der Larve in die Imago (gr. *hēmi* = halb; *metabállein* = verwandeln).

H e t e r a ū x e s i s : Wachstum im Sinne einer ungleichen Zunahme der Formteile bzw. Substanzen des Organismus in den verschiedenen Achsenrichtungen, differentielles Wachstum (gr. *héteros* = ungleich, entgegengesetzt; *aúxesis* = Wachstum, Zunahme).

h e t e r o g e n e r I n d u k t o r (im Extremfall auch „abnormer" Induktor): Nicht ursprünglich systemzugehöriger Induktor (gr. *héteros* = anders beschaffen; *génos* = Ursprung).

h e t e r o p l a s t i s c h e T r a n s p l a n t a t i o n : Verpflanzung mit art- oder gattungsfremdem Keimmaterial (gr. *héteros* = anderer Art, ungleich; *plássein* = formen, verfertigen).

H o l o m e t a b o l a : Insekten mit vollkommener Verwandlung. Übergang von Larve zu Imago unter tiefgreifenden inneren Veränderungen in einem Puppenstadium (gr. *hólos* = ganz; *metabállein* = verwandeln).

h o m o p l a s t i s c h e T r a n s p l a n t a t i o n : Verpflanzung mit artgleichem Keimmaterial (gr. *homós* = der gleiche; *plássein* = formen, verfertigen).

h o m o t o p : An entsprechenden bzw. vergleichbaren Orten liegend. Gegensatz: *heterotop* (gr. *homós* = gleich; *tópos* = Ort; *héteros* = abweichend).

H o r m o n : In Zellen, Geweben oder Drüsen aufgebauter überzellig reaktionsfähiger Wirkstoff. Zu den Wirkstoffen gehören außerdem Enzyme = Fermente (intrazelluläre Katalysatoren) und Vitamine (von außen zugeführt, nicht notwendig körpereigen) (gr. *hormāsthai* = sich in Bewegung setzen; *hormān* = anregen).

H y p o p h y s e : Hirnanhangsdrüse, unter dem Zwischenhirn liegende glandotrope Hormondrüse der Wirbeltiere, die im Vorderlappen das thyreotrope Hormon für die Metamorphose der Amphibienlarven, sowie ein Wachstumshormon ausscheidet (gr. *hypó* = unten; *phýein* = erzeugen, wachsen lassen).

Imaginālanlagen: Zellbezirke der Embryonal- und Larvenphase, aus denen bei der Metamorphose der Insekten die neuen, nicht von der Larvenorganisation her übernehmbaren Organe oder Organteile hervorgehen. Die Anlagen können selbständig für sich als „Imaginalscheiben" abgegrenzt sein oder innerhalb eines larvalen Organs Ausgangsbezirke für Differenzierungsprozesse darstellen (lat. *imāgo* = Bild).

Imago: Das auf Larven- und Puppenstadien folgende geschlechtsreife Stadium der Insekten (lat. *imāgo* = Abbild).

Implantation: Einpflanzung von Blastemen, Geweben oder Organen in einen Organismus (lat. *in* = hinein; *plantāre* = pflanzen).

Indifferentzellig: Keim aus Einzelzellen ohne bedeutende Unterschiedsqualitäten (lat. *indífferens* = ein Mittelding).

Induktion: Anregung zu einem Entwicklungsvorgang in einem organismischen System von einem anderen System aus. – Auf formwechselphysiologischer Ebene: Anregung von Keimteil zu Keimteil (Induktions- und Reaktionssystem). – Auf substanzwechselphysiologischer Ebene: Einleitung einer entwicklungsphysiologischen Reaktion durch Zuführung einer Substanz (lat. *indūcere* = hineinbringen, veranlassen).

Informosōm: Transportpartikel für Messenger-RNS. „Verpackung" der m-RNS in Protein (lat. *informāre* = schildern, ein Bild geben, übermitteln, *sōma* = Körper).

Inhibitor: Hemmsubstanz für bestimmte Substanzsynthesen (lat. *inhibēre* = hemmen).

Inkretorische Drüse: Drüse mit innerer Sekretion, Hormondrüse, endokrine Drüse (lat. *secérnere* = ausscheiden; *éndon* = innen; *krínein* = aussondern).

Interaktion: Wechselwirkung von Teilen des Organismus untereinander (lat. *inter* = zwischen; *áctio* = das Tun, Handeln).

interspezifisch: Zwischenartlich (lat. *inter* = zwischen; *speciēs* = äußere Gestalt, Art).

interzellulär: Zwischen den Zellen (lat. *inter* = zwischen; *céllula* = Kämmerchen).

intraspezifisch: Innerartlich (lat. *intra* = innerhalb; *speciēs* = äußere Gestalt, Art).

intrazellulär: Im Zellinnern (lat. *intra* = innerhalb; *cēllula* = Kämmerchen).

in vitro: Experiment im Kulturgefäß außerhalb des lebenden Körpers (lat. *vitrum* = Glas).

in vivo: Experiment am lebenden Organismus oder innerhalb des lebenden Körpers (lat. *vivus* = lebend).

isopotent: Gleichbefähigt (gr. *ísos* = gleich; lat. *pōtens* = vermögend, fähig).

isotōp: Am gleichen Ort liegend. Gegensatz: anisotop (gr. *ísos* = derselbe; *tópos* = Ort; *án-isos* = ungleich).

Juvenilhormon: Gegenspieler des Prothorakalhormons der Insekten, fördert das larvale Wachstum und hemmt die Metamorphose. Das relative Verhältnis von Juvenilhormon zu Prothorakalhormon bestimmt den jeweiligen Charakter der Häutung. Bei Fehlen des Juvenilhormons kommt es infolge alleiniger Wirkung des Prothorakalhormons zur Puppen- bzw. Imaginalhäutung. In der Imago dient das Juvenilhormon als Wirkstoff für die Dotterbildung der Ovarialeier. Bildungsorte des Juvenilhormons sind die Corpora allata. Biochemisch ist es ein Homologon eines ungesättigten Kohlenwasserstoffes, eines Isoprenoids (lat. *juvenīlis* = jugendlich).

Kausalgesetzlichkeit: Beschreibung eines Vorgangs nach dem Prinzip Ursache/Wirkung. Experimentell gesicherte Kennzeichnung aller erreichbaren Bedingungen für den Ablauf des Vorgangs führt zu einer Erklärung dieses Ablaufs (vgl. Bd. I, S. 7 f., 172, 187). Die in solchem Faktorensystem herrschenden Beziehungen mathematisch zu formulieren, ist anzustreben (lat. *causa* = Ursache).

Klon: Reiner durch vegetative Fortpflanzung aus einem einzigen Individuum entstandener Nachkommenzweig (gr. *klón* = Zweig).

Kompetenz: Reaktionsbereitschaft (lat. *compétere* = fähig sein).

komplementäre Induktion: Induktion im Sinne einer Ergänzung der unvollkommenen Form des induzierenden Gebildes durch das induzierte Material (lat. *compleméntum* = Ergänzung).

Komplementationstest (Allelie-Test): Dient zur Definierung von genetischen Faktoren als MENDELfaktoren: Zwei Mutanten einer Heterozygote liegen im Bereich des gleichen MENDELfaktors, d. h. sind Allele des gleichen Gens, wenn sie in der „Trans"-Kombination $\frac{a_1 \; +}{+ \; a_2}$ nicht den Wild-Phänotypus, sondern einen mutanten Phänotypus ergeben, sich also nicht zum Wildtypus komplementieren. In der „Cis"-Kombination $\frac{+ \, +}{a_1 \, a_2}$ lassen sie mit dem $(^{+ +})$-Gen den Wild-Phänotypus entstehen (*complēméntum* = Ergänzungsmittel; *complēre* = ergänzen; *trans* = jenseits; *cis* = diesseits).

konstituierende Induktion: Induktion im Sinne der Übermittlung von formbildenden Fähigkeiten an ein fremdes Gebilde, ohne daß der Induktor mit Bildungsmaterial am Aufbau der induzierten Form teilnimmt (lat. *constitúere* = formieren, einsetzen, in den Stand setzen).

Kontakt: Vorübergehende oder dauerhafte Berührung von Zellen oder Blastemen. Kontaktbereite Zellen entwickeln in ihren Zellwänden Muster bestimmter Proteine, die nach immunbiologischem Modell die gegenseitige Aneinanderheftung fördern und die jeweilige Stärke des Kontaktdruckes mitbedingen. Wechselnder Kontaktdruck der Zellen dient bestimmten Blastemverformungen (lat. *contáctus* = Berührung).

koordinieren: Beiordnen, in gleiche Ordnung bringen (lat. *cum* = zusammen mit; *órdo* = Ordnung).

Mandibulares Mesoblastem: Leitet sich bei Amphibien vom Kopfentoblastem der Gastrula ab und setzt das Mesoblastem der Ursegmente nach vorn fort (unsegmentiertes Ento-Mesoblastem in Höhe des primordialen Palatoquadrat-

bzw. Mandibular-(Kiefer-)Bogens (lat. *mándere* = kauen; med. *mandībula* = Unterkiefer; gr. *mésos* = inmitten; *blástēma* = Keim, Sproß).

Melanobläst: Bei Wirbeltieren aus der Neuralleiste stammende Bildungszelle für Melanophoren (Pigmentzellen) (gr. *mélas* = schwarz, dunkel; *blástos* = Keim, Sproß).

Melanophōr: Amöboide Trägerzelle für Melanin (gr. *mélas* = schwarz, dunkel; *phérein* = tragen).

Mesenchȳm: Mittels pseudopodienartiger Fortsätze untereinander in Verbindung stehende Zellen der mittleren Keimschicht (gr. *mésos* = inmitten; *énchyma* = das Eingegossene).

Mésencéphalon: Mittelhirn im dreiteiligen, wie auch im fünfteiligen embryonalen Wirbeltiergehirn, siehe Deuterencephalon.

Mesoblastēm (Mesoderm): Mittlere, aus der Randzone der Blastula zwischen Ekto- und Entoblastem entstehende Keimschicht (gr. *mésos* = inmitten; gr. *blástema* = Keim, Sproß; *dérma* = Haut).

Méssenger-RNS (mRNS): überträgt die DNS-Basenfolge vom Kern auf das Zytoplasma. 1000 bis 5000 Nucleotide. Mol.Gew. 100 000 bis 500 000 (Boten-RNS. engl. *messenger* =Bote).

Méssenger, „Zweiter“: (Cyclisches Adenosinmonophosphat, cAMP). Produktion durch eine in der Zellmembran befindliche Adenylat-Cyclase, die wiederum in Wechselwirkung mit zellfremden Molekülen (Hormone) aktiviert werden kann. Der „Zweite Messenger“ ist Mittler von Hormonen zum Zellstoffwechsel (engl. *messenger* = Bote).

Metamorphose: Stark ausgeprägter Gestaltswandel während der Entwicklung, insbesondere der Larvenentwicklung (gr. *metamorphōn* = umgestalten).

Métanéphros: Nachniere, bleibende Niere der höheren Wirbeltiere (gr. *metá* = nach; *nephrós* = Niere).

Métencéphalon: Hinterhirn im fünfgliedrigen embryonalen Wirbeltiergehirn, siehe Deuterencephalon.

Mikrosomenfraktion: Tritt bei der Zentrifugierung von Gewebehomogenisation nach Abtrennung der Kerne und Mitochondrien als besondere Fraktion auf, die sich in der Ultrazentrifuge sedimentieren läßt. Diese Fraktion ist sehr ungleichartig, enthält vorwiegend Komponenten des endoplasmatischen Retikulums, der GOLGI-Apparate, sowie Bruchstücke von Mitochondrien, Lysosomen, Mikrobodies, Zentriolen, Kern- und Zellmembranen (gr. *mikrós* = klein; *sōma* = Körper; lat. *frángere* [*fráctum*] = zerbrechen).

Mosaikentwicklung: Selbstdifferenzierung der Teile in differenziertzelliger Anlage bei geringer Regulationsmöglichkeit.

Múltipoténz: Entwicklungsvermögen in vielfacher Richtung (lat. *múltus* = viel; *poténtia* = Fähigkeit).

Mȳelencéphalon: Nachhirn im fünfgliedrigen embryonalen Wirbeltiergehirn, siehe Deuterencephalon.

Mȳoblást: Bildungszelle für die quergestreifte Muskelfaser (gr. *myōn* = Muskelmasse; *blástos* = Keim).

Nephrotom: Ursprungsgebiet der Nieren im Wirbeltierembryo, zwischen Ursegmenten und Seitenplatten- bzw. Zölomgebiet (gr. *nephrós* = Niere; *tomḗ* = Schnitt, Abschnitt).

Neuralleiste: So nennt man das Zellmaterial der seitlichen Neuralwülste. Während der Aufwölbung der Neuralplatte zum Rohr senkt sich dieses Material ins Keiminnere, und wandert in verteilten Portionen ventralwärts, um folgendes zu bilden: Pigmentzellen der Haut, Mesenchym des dorsalen Flossensaumes, Dentinkeime der Zähne, Knorpelspangen einiger Kiemenbögen, Spinalganglien, Ganglien des Sympathicus, Zellen der SCHWANNschen Scheide peripherer Nerven, Nebennierenmark (gr. *neūron* = Sehne, Faser, Nerv).

Neuroblast: Nervenbildungszelle (gr. *blástos* = Keim, Sproß; *neūron* = Sehne; lat. *nervus* = Sehne, Saite, Nerv).

Neūron: Nervenzelle mit leitenden Fortsätzen, die sich mit denen benachbarter Zellen innig durchflechten können (gr. *neūron* = Nerv, Faser, Sehne).

Neuropīl: Nervenfilz, der durch Verflechtung der Dendriten, d.h. der zum Neuron hinleitenden Fasern, entsteht (gr. *neū-ron* = Nerv, Faser, Sehne; *pīlos* = Filz).

Neurosekretorische Zellen: Hormon-abscheidende Zellen der Nervenzentren (gr. *neūron* = Sehne; lat. *nérvus* = Sehne, Saite, Nerv; *secérnere* = ausscheiden).

Nidamentāldrüse: Drüse der Tintenfischweibchen zur Erzeugung von Schalenmaterial (lat. *nidaméntum* = Nistmaterial).

Nuclēolus: Kernkörperchen, granuliert und ohne Hüllmembran. Seine Bildung erfolgt von einigen Genloci eines Chromosoms aus an seiner sekundären Einschnürung. Hauptbildungsort von r-RNS (lat. *nucléolus* = kleiner Kern).

Ocellus: Punktauge bzw. Augenfleck (lat. *océllus* = Äuglein).

Ommatidium: Einzelelement im Fazettenauge (gr. *ómma* = Auge).

Ómnipoténz (Tōtipoténz): Unbegrenztes Entwicklungsvermögen (lat. *ómnis* = alles; *poténtia* = Fähigkeit; *tōtus* = ganz, alles zugleich).

Organisationszentrum: Blastematischer Faktorenbereich zur Induzierung des Achsensystems der Amphibien.

paraplasmatisch: Differenzierungen oder Substanzen, welche vom Plasma aufgebaut werden, aber nicht mehr alle Eigenschaften des Plasmas besitzen (gr. *pará* = daneben; *plásma* = Gebilde).

Phän: Teilstück von der äußeren Erscheinung, vom Phänotypus eines Organismus (gr. *phainómenon* = Erscheinung).

Phänokopie: Nachahmung des Entwicklungsgangs einer Mutante durch modifikatorische Beeinflussung der Ausgangsform (gr. *phainómenon* = Erscheinung).

Phänokritische Phase: Gabelpunkt der Entwicklungslinien zweier Genotypen, von dem aus die zum normalen und die zum mutierten Merkmal führenden Reaktionsfolgen sich trennen (gr. *phainómenon* = Erscheinung; *krínein* = scheiden, trennen).

Phänotypus: Erscheinungsform eines Organismus, das jeweils „verwirklichte Schicksal" (gr. *phaínesthai* = erscheinen, zum Vorschein kommen; *týpos* = Gepräge, Gestalt).

Phagozyten: Amöboide Zellen zur Aufnahme und zum Abtransport unzuträglicher Teilchen bzw. Körperchen aus dem Organismus (gr. *phageīn* = fressen; *kýtos* = Gefäß, Zelle).

Pigment: Farbstoff (lat. *pigméntum* = Farbstoff).

Plakode: Plattenförmige Epithelverdickung als Anlage für ein Ganglion- bzw. Sinnesorgan (gr. *plakoūs* = Kuchen).

Plasma: siehe Protoplasma.

Plasmalemma: Oberflächengrenzschicht des Zellplasmas (gr. *plásma* = Gebilde).

Pleiotropie: Vielseitige Genwirkung (gr. *pleīon* = zahlreicher; *trépein* = hinwenden).

polarisierende Einflüsse: Richtende Einflüsse, die sich auf die Gestalt, Struktur und Substanzanordnung von Zellen, Blastemen und Organanlagen, sowie auf die örtlichen Beziehungen der Organanlagen zueinander auswirken (neulat. *polarisāre* = nach einem Pol ausrichten; *pólus* = Drehpunkt, Pol).

Polydaktylie: Vielfingerigkeit (gr. *polýs* = viel; *dáktylos* Finger).

Polygenie: Vielgenige Bestimmung eines Merkmals. Vielgenige Beeinflussung eines Entwicklungsverlaufes (gr. *polýs* = viel), vgl. Gen.

Polynemie: Syn. mit Polytänie (gr. *polýs* = viel; *nēma* = Faden).

Polyploidie: Anwesenheit von mehr Chromosomensätzen im Zellkern als der Norm entspricht (gr. *polýs* = viel; *plékein* = falten).

Polytänie: Vielsträngigkeit eines (Riesen-)Chromosoms, hervorgerufen durch Längsteilung und Zusammenbleiben der Zentralfäden (gr. *polýs* = viel; *tainía* = Band).

Poténz: Entwicklungsvermögen (lat. *poténtia* = Fähigkeit).

Potenzbereich: Anlagengebiet, das in seinem Aufbau und seiner Begrenzung regulationsfähig ist (selbstregulierendes Faktorensystem). Bei der Regulation benachbarter Potenzbereiche bleibt ihre gegenseitige harmonische Abgestimmtheit erhalten (lat. *poténtia* = Fähigkeit).

prächordale Platte: Vordere Verlängerung der Wirbeltier-Chorda durch eine Blastemschicht, die zur Bildung der Schädelbasis beiträgt (lat. *prae* = vor; *chórda* = Darmsaite).

präsumptiv: Voraussichtliche Entwicklungsleistung eines Keimteils (lat. *praesúmere* = im voraus sich vorstellen).

Prädetermination: Bestimmung von Entwicklungsvorgängen in der Oozyte (vor der Befruchtung) durch mütterliche Gen-, Plasma- oder Außenfaktoren (lat. *prae* = voraus; *determinăre* = begrenzen, bestimmen).

Primordium: Erste embryonale Anlage, wie Keimanlage oder Imaginalanlage (Primordialzellen = embryonale oder imaginale Anfangszellen, lat. *primórdium* = erster Anfang).

Proliferation: Sprossung, Wucherung, starke Teilungstätigkeit (lat. *prōlēs* = Sproß, Nachkomme; *fére* = tragen, hervorbringen).

Pronase: (Eiweißabbauendes) Enzym aus *Aspergillus oryzae.*

Prósencéphalon: Vorderhirn im dreiteiligen embryonalen Wirbeltiergehirn, siehe Archencephalon.

prospektive Bedeutung: „Wirkliches Schicksal" eines Keimteils im Einzelfall. In übertragener Anwendung: Normgemäße Entwicklungsaufgabe eines Keimbezirks (lat. *prospícere* = in die Ferne hinschauen, voraussehen).

prospektive Potenz: „Mögliches Schicksal" und auch: Gesamtes Entwicklungsvermögen (lat. *prospícere* = voraussehen; *poténtia* = Fähigkeit).

Prothorakalhormon: Einwirkung auf Häutung, Ausfärbung, Metamorphose, sowie Proteinstoffwechsel der Insekten, siehe Prothorax, Ecdyson.

Prothorax: Erstes der drei Brustsegmente der Insekten (gr. *pro* = vorn; *thōrax* = Brust).

Prothoraxdrüse: Scheidet das Häutungs- und Metamorphose-Hormon ab. Sein Wirkstoff ist biochemisch als Ecdyson isoliert, siehe Prothorax.

Protoplasma: „Lebende Substanz" der Zellen. Das Stoffgefüge, an welches die Lebenstätigkeit der Zelle gebunden ist (gr. *prōtos* = erster, wichtigster, im Anfang daseiender).

Puff: Ring entspiralisierter Chromonemen um eine oder wenige aktivierte Querscheiben im Riesenchromosom der Dipteren (engl. *puff* = Puderquaste, Puffärmel; to *puff* = aufbauschen).

Puparium: Tönnchenförmige Hülle für Vorpuppe und Puppe der Fliegen, die aus der erhärtenden Schutzhaut (Cutikula) des vorletzten Larvenstadiums gebildet wird. Innerhalb des Pupariums findet mit dem letzten Häutungsschritt die eigentliche Verpuppung statt.

Puppe: Bei holometabolen Insekten stark chitinisiertes Ruhestadium für den Ablauf der inneren Metamorphose. Die Puppe läßt bereits die imaginale Gliederung und die späteren imaginalen Körperanhänge erkennen (lat. *púppa* = Kind, Puppe).

Reaggregierung: Wiedergewinnung eines Zusammenschlusses von Zellen (lat. *re-* = zurück; *aggregāri* = sich anschließen).

Reaktion: Gegenwirkung auf Einwirkungen. Reaktions-blastem, -gewebe, -organ: Gebilde, an denen sich auf Grund einer Einwirkung, einer „Aktion", eine Form-, Struktur- oder Substanzänderung vollzieht (lat. *re* = zurück-, gegen-; *áctio* = das Tun, Handeln).

Redundanz: Wiederholte Information. In der Genetik: 1) Wiederholung einer genetischen Information durch Kopien von Genen, siehe Amplifikation. 2) Anteil repetitiver (sich wiederholender) Basensequenzen (z. Teil ohne ersichtliche genetische Funktion) im Genom von Eukaryonten (lat. *redundāre* = überströmen, im Überfluß vorhanden sein).

R e g e n e r a t i o n: Ersatz von verbrauchten oder verlorengegangenen Teilen des Organismus durch Neubildung von stehengebliebenen Teilen her (neulat. *regenerāre* = wiedererzeugen).

R e g u l a t i o n: Fähigkeit des Organismus zur Erhaltung des normalen Funktionszustandes. – Auf formwechselphysiologischer Ebene: Nach Entwicklungsstörungen des Gesamtsystems Wiederherstellung normaler Funktion durch Umbildung des zur Verfügung stehenden Systembereiches. – Auf substanzwechselphysiologischer Ebene: Fähigkeit des Organismus zur harmonischen Abstimmung von Reaktionsabläufen durch Regelkreissysteme (lat. *régere* = zurechtweisen; *régula* = Maßstab).

R e g u l a t o r g e n: Gen, das zur Regulierung der Aktivität von Strukturgenen dienende Substanzen, z. B. Repressoren, codiert (lat. *régere* = zurechtweisen; *génos* = Ursprung).

R e l a i s - M e c h a n i s m u s (Vorspann-Mechanismus): Auslösung einer Reaktionsfolge durch eine ganz andere, welche lediglich ein Anfangsglied der auszulösenden Reaktionsfolge aktiviert. Dies kann bei innerzelligen Vorgängen z. B. von außen her durch Einleitung einer Zytolyse, geschehen (franz. *relais* = Wechselpferde, Umspannort).

R e p r e s s o r: Substanz, die durch Verbindung mit anderen Substanzen oder Genen (Operator-Gen) als Unterdrücker von Reaktionen auftreten kann (lat. *reprīmere* = zurückdrängen).

R e t i k u l o - e n d o t h e l i a l e s S y s t e m: Dieses umfaßt bei Wirbeltieren Zellen mit Abwehrfunktion, welche sich im retikulären (netzförmigen) Bindegewebe des Knochenmarks, der lymphatischen Organe, der Blutkapillarwände und im Blut finden (u. a. Phagozyten, Retikulozyten im Bindegewebe, Endothelzellen in den Kapillaren, Histiozyten und Monozyten als freie Zellen im Gewebe und im Blut) (lat. *retículum* = kleines Netz; gr. *éndon* = innen; *thēle* = Brustwarze, Häutchen).

R h ó m b e n c é p h a l o n: Rautenhirn (verlängertes Mark) im dreiteiligen embryonalen Wirbeltiergehirn, siehe Deuterencephalon.

RNS/DNS-Hybridisierung: Methode zum Basen-Sequenz-Vergleich, zur Feststellung der Komplementarität, des Grades der Übereinstimmung von RNS und DNS. Durch Darbietung einsträngiger körpereigener DNS (II, S. 128) kann man erfahren, ob und in welcher Hinsicht RNS-Moleküle in ihrer Basensequenz derjenigen der körpereigenen DNS komplementär sind und wie sich demnach die RNS-Moleküle aus unterschiedlichen Embryonalbereichen oder Entwicklungsstadien zueinander verhalten (eine *Hybride* = Bastard, von gr. [*h*]*ȳbris* = Übermut, Frevel, Schändung; lat. *híbrida* = Blendling, von zweierlei Abkunft).

Segregierung: Sonderung von plasmatischen Faktorenbereichen innerhalb eines Eies oder einer Zelle bzw. Sonderung von zelligen Faktorenbereichen innerhalb von Blastemen und Organanlagen. Segregation ist ein erster Schritt der Differenzierung. Bei einem Blastem führt Segregation zur Gliederung (lat. *segregāre* = von der Herde absondern).

Seitenplatten: Entwickeln sich aus den seitlichen Randpartien des Urdarmdachs und bilden später je eine innere und eine äußere Wand, welche die jederseits des Wirbeltierdarms gelegene, nicht segmentierte sekundäre Leibeshöhle, das Zölom, umschließen. – Vielfach werden nicht nur die aus den Seitenrändern des Urdarmdachs hervorgehenden Blasteme als je „eine rechte und eine linke Seitenplatte" bezeichnet, sondern auch die in den späteren Stadien aus jeder dieser Seitenplatten hervorgehenden Zölomwände (Somatopleura = Hautfaserblatt und Splanchnopleura = Darmfaserblatt) als einzelne Seitenplatte genannt, so daß es dann je zwei, „zwei rechte und zwei linke Seitenplatten" gibt(gr. *sōma* = Körper; *splángchnon* = Eingeweide; *pleurā* = Seite des Leibes).

Selbstgliederung: siehe Segregierung, Potenzbereich.

Sklerotisierung: Verdunkelung und Verhärtung der Cutikula der Insekten (gr. *sklērós* = hart).

Sklerotōm: Ursprungsgebiet der mesenchymalen Skeletbildner im Wirbeltierembryo am sog. Ursegmentstiel (Abb. 8,

Sk), zwischen Ursegmenten und Seitenplatten (gr. *sklēros* = hart; *tomē* = Schnitt, Abschnitt).

Somatopleura: Der Körperwand zugekehrtes äußeres Blatt der mesoblastemalen Seitenplatte beim Wirbeltierembryo. Splanchnopleura = Darmfaserblatt (innen) und Somatopleura = Hautfaserblatt (außen) umgrenzen das Zölom. Siehe Seitenplatten (gr. *sōma* = Körper; *pleurā* = Seite des des Leibes).

Somit: Siehe Ursegment.

Spinalganglion: Segmental zu beiden Seiten der Wirbelsäule und des Rückenmarks liegende Ganglien mit den Zellkörpern der sensiblen, dorsal ins Rückenmark einstrahlenden Nerven (gr. *gánglion* = Knoten; lat. *spinālis* = zur Spina gehörig; *spīna* = Dorn, übertr. Wirbelsäule).

Spino-caudale Region: Rumpf-Schwanzregion der Wirbeltier-Embryonen (lat. *spīna* = Dorn, Rückgrat; *caūda* = Schwanz).

Splanchnopleura: Dem Darm zugekehrtes inneres Blatt der mesodermalen Seitenplatten beim Wirbeltierembryo (gr. *splángchnon* = Eingeweide; *pleurā* = Seite des Leibes).

Stereozilie: (Sterrozilie): Starre, meist lange Wimper. Gruppenform z. B. Sterrozilienbüschel (gr. *stereós* = starr, hart; *sterrós* = *stereós;* lat. *cílium* = Lid, Wimper).

Submandibulardrüse: siehe Submaxillardrüse.

Submaxillardrüse (= Submandibulardrüse): Unterkiefer-Speicheldrüse der Säugetiere (lat. *maxilla* = Kinnlade).

sublētâl: Fast tödlich (lat. *sub* = unter, fast; *lētālis* = tödlich).

Sympāthicus: Autonomes Eingeweidenervensystem (gr. *sympatheīn* = mitempfinden).

Synápse: Übertragungsstelle für Erregungen zwischen zwei Nervenzellen oder von einer Nervenzelle zum Erfolgsorgan. Beim Durchgang durch eine Synapse werden die Erregungen polarisiert und in der Leitungsgeschwindigkeit herabgesetzt (gr. *sýn* = zusammen; [*h*]*apsīs* = Verknüpfung).

Synzytium: Durch Verschmelzung ursprünglich freier Zellen entstandener Zellverband (gr. *syn* = zusammen; *kýtos* = Zelle).

System: Gefüge, bei biologischen Objekten gekennzeichnet durch die Mannigfaltigkeit der Teile und ihren sinnvollen Funktionszusammenhang (gr. *sýstēma* = Zusammenordnung, das Ganze).

Systemgesetzlichkeit: Gesetzmäßige Bedingungen für den Ablauf eines Vorgangs, die durch seine Einfügung in ein umfassendes System von vielen gleichzeitig ablaufenden Vorgängen entstehen, siehe Bd. I, S. 188 ff. (gr. *sýstema* = Gesamtheit, das Ganze).

Teilungswachstum: Zellwachstum zwischen den Mitosen.

Tēlencéphalon: Endhirn am Vorderende des fünfgliedrigen embryonalen Wirbeltiergehirns, siehe Archencephalon.

Thymus: Bries, innere Brustdrüse (gr. *thymós* = Lebenskraft, Mut).

Thyreoidea: Schilddrüse (gr. *thyreós* = Türstein, großer viereckiger Schild).

Tonus: Dauerverkürzung eines Muskels ohne Ermüdungserscheinungen, außerdem der durch Nerveneinfluß aufrecht erhaltene, ständige Spannungszustand der Organe (gr. *tónos* = Spannung).

Totipotenz: Ganzes uneingeschränktes Entwicklungsvermögen (lat. *tōtus* = ganz, alles zugleich; *poténtia* = Fähigkeit).

Trajektorienstrukturen (trajektorielle Struktur): Dies sind funktionelle Strukturen, z. B. Knochenbälkchen, welche allein die Richtungen stärkster statischer bzw. dynamischer Funktion, z. B. stärkster Druck- und Zugspannungen, durch Substanz verkörpern (ROUX). Wenn in den Richtungen stärkster Beanspruchung das Widerstand leistende Material ausreichend vorhanden ist, braucht in den Richtungen schwächerer Beanspruchung weiteres Material nicht anwesend zu sein (lat. *traícere* = von einem Ende zum anderen hinüberbringen).

Transdetermination: Änderung des Determinationszustandes von Imaginalscheiben in Dauerkulturen, so daß z. B. Zellbezirke, die für Beinteile determiniert waren, Flügel- oder Kopfteile hervorbringen, siehe S. 84 ff. (lat. *trans* = jenseits, über ... hinaus; *determināre* = bestimmen).

Translation: „Übersetzung" der Basenfolge der m-RNS in die Aminosäurenfolge eines Polypeptids. Aktivierte Aminosäuren des Zytoplasmas werden an Ribosomen entsprechend der durch die m-RNS vorgegebenen Reihenfolge miteinander verknüpft (lat. *séqui* = folgen).

Transplantation: Überpflanzung eines Keimteils auf einen anderen Keim (lat. *trans* = über; *plantāre* = pflanzen).

Transcription: „Überschreibung", Umschrift der Basenfolge von der DNS auf eine RNS durch Synthese von m-RNS an dem codogenen Strang der DNS (engl. *transcription* = Umschrift; lat. *trans* = jenseits; *scriptio* = schriftliche Darstellung).

– trop: Endigung zur Bezeichnung einer gerichteten Wirkung auf etwas (gr. *trópos* = Richtung).

Ursegmente (Somite): Die im Wirbeltierembryo an seiner Dorsalseite ausgeprägte Segmentierung macht sich zuerst in den Mesoblastempartien neben der Chorda bemerkbar. Alle anderen Segmentierungen sind Folgeerscheinungen dieser primären Ursegmentbildung. Aus den Ursegmenten gehen u. a. Skelet, Muskulatur und Unterhautbindegewebe hervor (lat. *segméntum* = Einschnitt; gr. *sōma* = Körper; *mȳs, myós* = Maus, Muskel; *tomē* = Schnitt, Abschnitt).

Verpuppung: Bei holometabolen Insekten Häutung des letzten Larvenstadiums bzw. der Vorpuppen-Larve zum stark chitinisierenden Puppenstadium (lat. *púppa* = Kind, Puppe).

Vorpuppe: Erwachsene Larve der holometabolen Insekten, welche nicht mehr frißt, aber sich einspinnt oder einhüllt. Bei Schmetterlingen zeigen sich durch Abwandern der Raupen-

Ocellen von den Cutikularlinsen die Vorbereitung zur letzten Larvenhäutung und damit der Beginn der inneren Metamorphose, also des Puppenstadiums, an. Bei Fliegen bleibt nach der Häutung des 3. Larvenstadiums zur Vorpuppe die Larvenhaut erhalten und bildet sich zum umhüllenden (Vor)puppentönnchen um. Durch neue Häutung wandelt sich die Vorpuppe innerhalb des Tönnchens in die Puppe um.

Wirkstoff: Sammelbegriff für Enzyme (Fermente), Hormone (siehe dort), Vitamine.

xenoplastische Transplantation: Verpflanzung mit ordnungsfremdem Keimmaterial (gr. *xénos* = fremd, fremdartig; *plássein* = formen, verfertigen).

Zilie: Bewegliche Wimper, im Verein als Wimperfeld, Wimperschnur, Flimmerband, Wimperschopf (mit meist längeren Zilien) bezeichnet. Vgl. Stereozilie (lat. *cílium* = Lid, Wimper).

Zymogēn: Vorstufe für Enzyme (gr. *zymūn* = in Gärung setzen; *génos* = Ursprung).

Zytodifferenzierung: Zelldifferenzierung (gr. *kýtos* = Gefäß, Zelle; lat. *differéntia* = Unterschied, Verschiedenheit).

Zytoplasma: Zelleib außerhalb des Zellkerns (gr. *kýtos* = Gefäß, Zelle; *plásma* = Gebilde).

Zytolyse: Auflösungserscheinungen der Zellen (gr. *kýtos* = Gefäß, Zelle; *lýein* = lösen).

Weiterführende Literatur

A. Allgemeine Darstellungen

BALINSKY, B. I.: An Introduction to Embryology. 3. Aufl. Saunders, Philadelphia 1970, 1–725.

BECKER, H. J.: Die genetischen Grundlagen der Zelldifferenzierung. Die Naturwiss. 51, 205–211 und 230–255 (1964).

BRACHET, J.: The biochemistry of development. Pergamon Press, London 1960, 1–320.

CHILD, C. M.: Patterns and problems of development. Univ. Press, Chicago 1941.

DALQ, A.: L'oeuf et son dynamisme organisateur. Albin Michel, Paris 1941, 1–582.

DUSPIVA, F.: Molekularbiologische Aspekte der Entwicklungsphysiologie. Naturwiss. Rundschau 22, 191–202 (1969). Klassische Aspekte s. Seidel, F.: ebenda 22, 141–153 (1969).

EBERT, I. D.: Entwicklungsphysiologie (Übers.). München, 1967, 1–242.

FIORONI, P.: Einführung in die Embryologie. BLV, München 1973, 1–183.

GRASSÉ, P.-P. (Hrsg.): Allgemeine Biologie (Übers.), 5 Bde., Fischer, Stuttgart I, 1971, 1–203; II, 1971, 1–256; III, 1971, 1–192; IV, 1976, 1–213; V, 1973, 1–225.

HAMBURGH, M.: Theories of differentiation. Edward Arnold, London, 1971, 1–171.

HARTMANN, M.: Die philosophischen Grundlagen der Naturwissenschaften, Fischer, Jena 1948, 1–238.

HEBERER, G. (Hrsg.): Die Evolution der Organismen. 3 Bde. 3. Aufl. Fischer, Stuttgart 1967–1974.

JORDAN, H.: Das Werden des Organismus. Der Organismus als System oder als Ganzes. In: Jordan, H.: Allgemeine vergleichende Physiologie der Tiere. De Gruyter Berlin 1929, 327–386.

– –: Die theoretischen Grundlagen der Tierphysiologie. Bibl. Biotheoretica 1, 1–35 (1941).

KÜHN, A.: Vorlesungen über Entwicklungsphysiologie. 2. Aufl. Springer, Berlin 1965, 1–284.

LEHMANN, F. E.: Einführung in die physiologische Embryologie. Birkhäuser, Basel 1945, 1–396.

– –: Physiologische Embryologie des Keimes von *Tubifex* (Spiralia) und das Problem der biologischen Organisationsstufen. Folia Biotheoretica 3, 1–24 (1948).

MOHR, H., SITTE, P.: Molekulare Grundlagen der Entwicklung. BLV, München, 1971, 1–230.

NEEDHAM, J.: Biochemistry and Morphogenesis. Univ. Press, Cambridge 1950, 1–785.

PFLUGFELDER, O.: Lehrbuch der Entwicklungsgeschichte und Entwicklungsphysiologie der Tiere. 2. Aufl. Fischer, Stuttgart 1970, 1–427.

ROUX, W.: Terminologie der Entwicklungsmechanik der Tiere und Pflanzen. Engelmann, Leipzig 1912, 1–465.

SAUER, H. W.: Entwicklungsbiologie. Experimente an Eiern und Pilzen, Konstanzer Universitätsreden. Univ. Verlag 1974, 1–68.

SAXÉN, L., TOIVONEN, S.: Primary embryonic induction. Logos Press, London 1962, 1–271.

SCHLEIP, W.: Die Determination der Primitiventwicklung. Acad. Verl. Ges., Leipzig 1929, 1–914.

SEIDEL, F.: Körpergrundgestalt und Keimstruktur. Zool. Anz. 164, 245–305 (1960).

– –: Klassische Aspekte der Entwicklungsphysiologie. Naturwiss. Rundschau 22, 141–153 (1969). Molekularbiologische Aspekte s. Duspiva, F.: Ebenda 22, 191–202 (1969).

– –: Grundsätze zum Begriffssystem der Entwicklungslehre. Zool. Anz. 186, 307–328 (1971).

SPEMANN, H.: Experimentelle Beiträge zu einer Theorie der Entwicklung. Springer, Berlin 1936, 1–296 (Nachdruck 1968).

STARCK, D.: Embryologie. 3. Aufl. Thieme, Stuttgart 1975, 1–704.

WADDINGTON, C. H.: Principles of embryology. Allen and Unwin, London 1956, 1–510.

WEBER, R.: The biochemistry of animal development. 3 Bde. Acad. Press, New York 1965, 1–648; 1967, 1–481; 1975, 1–404.

WILLIER, B. A., WEISS, P. A., HAMBURGER, V.: Analysis of development. Saunders, Philadelphia 1955, 1–735.

WITSCHI, E.: Development of vertebrates. Saunders, London 1956, 1–588.

WOLFF, E.: L'origine de la lignée germinale chez les vertébrés et chez quelques groupes d'invertébrés. Hermann, Paris 1964, 1–370.

B. Gesamtdarstellungen von einzelnen Tiergruppen

BODENSTEIN, D. (Ed.): Milestones in development physiology of insects. Appleton-Century-Crofts, New York 1971, 1–231.

CHEN, P. S.: Biochemical aspects of insect development. Karger, Basel 1971, 1–228.

CLEMENT, A. C.: *Ilyanassa*. In: Reverberi, G. (Ed.): Experimental embryology of marine and fresh-water invertebrates. North-Holland Publ. Comp., Amsterdam 1971, 188–214.

COLLIER, J. R.: Morphogenetic significance of biochemical patterns in mosaik embryos. In Weber (Ed.): Biochemistry of animal development. Bd. 1, Acad. Press, New York 1965, 203–245.

COUNCE, Sheila I., WADDINGTON, C. H. (Eds.): Developmental systems: Insects. 2 Bde., 1–304 und 1–615, Acad. Press, New York 1972/1973.

CZIHAK, G.: Echinoids. In: Reverberi, G. (Ed.): Exp. embr. of marine and fresh water invertebrates. North-Holland Publ., Amsterdam 1971, 363–506.

GIUDICE, G.: Developmental biology of the sea urchin embryo. Acad. Press New York and London 1973, 1–469.

HADORN, E.: Experimentelle Entwicklungsforschung, im besonderen an Amphibien. 2. Aufl. Springer, Berlin 1967, 1–135.

HESS, O.: Entwicklungsphysiologie der Mollusken, Fortschr. Zool. N. F. 14, 130–163 (1962).

– –: Entwicklungsphysiologie der Anneliden. Fortschr. Zool. N. F. 16, 347–379 (1964).

– –: Fresh water gastropoda. In: Reverberi, G. (Ed.): Experimental embryology of marine and fresh-water invertebrates. North-Holland Publ. Comp. Amsterdam 1971, 215–247.
HÖRSTADIUS, S.: Experimental embryology of echinoderms. Oxford Univ. Press, London 1973, 1–192.

KRAUSE, G.: Die Eitypen der Insekten. Biol. Zbl. 59, 495–536 (1939).
KRAUSE, G., SANDER, K.: Ooplasmatic reaction systems in insect embryogenesis. Adv. Morphogenesis 2, 259–303 (1962).

MANGOLD, O.: Grundzüge der Entwicklungsphysiologie der Wirbeltiere mit besonderer Berücksichtigung der Mißbildungen auf Grund experimenteller Arbeiten an Urodelen. In: De genetica medica, Pars I, Genetica generalis. Inst. Gregorio MENDEL, Rom 1961, S. 129–182.

PFLUGFELDER, O.: Entwicklungsphysiologie der Insekten. 2. Aufl. Akad. Verl. Ges. Leipzig 1958, 1–490.

RAVEN, CHR. P.: Morphogenesis. The analysis of Molluscan development. 2. Aufl. Pergamon Press, Oxford 1966, 1–365.
REVERBERI, G. (Ed.): Experimental embryology of marine and fresh-water invertebrates. North-Holl. Publ. Amsterdam 1971, 1–587.
– –: *Dentalium*. In: Reverberi, G. (Ed.). Experimental embryology of marine and fresh-water invertebrates. North-Holland Publ. Comp. Amsterdam 1971, 248–264.
– –: Annelids. In: Reverberi, G. (Ed.). Experimental embryology of marine and fresh-water invertebrates. North-Holland Publ. Comp. Amsterdam 1971, 126–163.

SEIDEL, F.: Entwicklungsphysiologische Zentren im Eisystem der Insekten. Verh. Dtsch. Zool. Ges. Bonn 1960, 121–142.
– –: Analyse des Differenzierungsverlaufes im Insektenei *(Gryllus)* mittels U. V.- und Röntgenbestrahlungen. Verh. Dtsch. Zool. Ges. München 1963, 121–143.
– –: Das Eisystem der Insekten und die Dynamik seiner Aktivierung. Verh. Dtsch. Zool. Ges. Jena 1965, 166–187.
– –: Entwicklungspotenzen des frühen Säugerkeimes. Arb. Gem. f. Forschung, Nordrhein-Westf. Naturwiss. Köln und Opladen 193, 1969, 7–133.
SEIDEL, F., BOCK, E., KRAUSE, G.: Die Organisation des Insekteneies. Die Naturwiss. 28, 433–446 (1940).

C. Arbeitsmethoden

BIEL, H., HEIMBURGER, N. und Mitarbeiter: Einige neuere analytische Methoden zur Charakterisierung der Plasmaproteine. Behringwerke Mitt. 43, 1–82 (1964).

CHANDRA, P., APPEL, W.: Methoden der Molekularbiologie. Fischer, Stuttgart 1973, 1–198.

DANIEL, Jr., J. C.: Methods in Mammalian embryology. Freeman, London 1971, 1–532.

Deutsche Pharmacia G.m.b.H., Informationsmaterial über Molekularsieb-Chromatographie etc. und Literaturdienst. 6 Frankfurt 1, Inkusstrasse 11.

FEIX, G.: Informationsfluß von DNS zum Protein im zellfreien System. Naturw. Rundschau 24, 269–376 (1971).
FISCHER, H. A., WERNER, G.: Autoradiographie. De Gruyter, Berlin 1971, 1–214.
FRITZ-NIGGLI, H.: Strahlenbiologie. Thieme, Stuttgart 1959, 1–379.

GEYER, G.: Ultrahistochemie. Fischer, Stuttgart, 1969, 1–273.
GLASS, L. E.: Fluorescent antibody methods. In Daniel, J. C. (Ed.): Methods in mammalien embryology, Freeman, San Francisco 1971, 355–377.

GOTTLIEB, D., SHAW, P. D.: Antibiotics, Bd. 1. Springer, Berlin 1967.

GOTTSCHEWSKI, G. H. M., ZIMMERMANN, W.: Embryologische Untersuchungsmethoden für Laboratoriumssäugetiere. Hannover 1970, 1–144.

HAMBURGER, V.: A manual of experimental embryology. Univ. Press Chicago 1960, 1–221.

HANLE, W., POLLERMANN, M. (Hrsg.): Insotopentechnik. Thiemig, München 1964, 1–252.

HARBERS, E.: Nukleinsäuren, Biochemie und Funktion. dtv München 1969, 1–216.

HEIMBURGER, N., SCHMIDTBERGER, R.: Moderne Verfahren der Chromatographie und Elektrophorese zur Präparation von Plasmaproteinen. Behringwerke Mitt. Marburg/L. 43, 83–128 (1964).

MANGOLD, O.: Entwicklungsmechanik der Tiere. In: Peterfi, T. (Hrsg.) Methodik der wiss. Biologie, Springer, Berlin. Bd. 2, 1928, 679–803.

MAURER, H. R.: Disk-Elektrophorese. De Gruyter, Berlin 1968, 1–221.

PARKER, R. C.: Methods of tissue culture. Hoeber, New York. 3. Aufl. 1961, 1–358.

ROGERS, A. W.: Techniques of autoradiography. Elsevier, Amsterdam 1967, 1–335.

RUTHMANN, A.: Methoden der Zellforschung. Franckh'sche Verlagshandlung, Stuttgart 1966, 1–301.

SAUER, H. W., WEGENER, G., KLÄNER, S.: Proteine in der Frühentwicklung der Grille. Roux' Arch. 167, 118–136 (1971).

SCHIMMEL, G., VOGELL, W.: Methodensammlung der Elektronenmikroskopie. Wiss. Verlagsgesellschaft Stuttgart 1970.

SCHULTZE, H. E., HEREMANS, J. F.: Molekular biology of human proteins, Bd. 1, Elsevier, Amsterdam 1966, 1–904.

SCHWICK, G., STÖRKO, K.: Qualitative und quantitative Plasmaprotein-Bestimmung durch Immunpräzipitation. Lab. Blätter für die mod. Diagnostik. Marburg/L. Mai 1964, 1–64.

SEIDEL, F.: Die Potenzen der Furchungskerne im Libellenei und ihre Rolle bei der Aktivierung des Bildungszentrums. Roux' Archiv 126, 213–276 (1932); s. auch UV-Mikrostrahlenstichgerät nach SEIDEL, Optische Werke E. Leitz, Wetzlar 1952.

– –: Bauweise und Verwendung von Mikromanipulatoren. In: Freund, H. (Hrsg.): Handbuch der Mikroskopie in der Technik, Umschau-Verl. Frankfurt a. Main 1957, 589–614.

– –: Genetik und Entwicklungsphysiologie (mit Normentafel und MAHR, E., Methodik *Acheta)*. In: Der Biologie-Unterricht, Klett, Stuttgart, 1, 61–89 (1965).

SPEMANN, H.: Mikrochirurgische Operationstechnik. In: Abderhalden, E. (Hrsg.): Handb. d. biol. Arbeitsmethoden, Abt. V, Teil 3 a. Urban u. Schwarzenberg, Berlin 1923, 1–30.

VAGO, C. (Ed.): Invertebrate Tissue Culture Bd. 1–2. New York and London I, 1–441, 1971, II, 1–415, 1972.

WILT, F. H., WESSELS, N. K. (Eds.): Methods in developmental biology. Crowell, New York 1967, 1–813.

D. Einzeldarstellungen

1.—2. Ei und Furchung

BALTZER, F.: Über erblich letale Entwicklung und Austauschbarkeit artverschiedener Kerne bei Bastarden. Die Naturw. 28, 177–187, 196–206 (1940).

BEERMANN, W.: Riesenchromosomen. In: Alfert, M., Bauer, H., Harding, C. V. (Hrsg.): Protoplasmologia, Springer, Wien. Bd. VI, 1962, 1–161.

– –: Operative Gliederung der Chromosomen. Die Naturwiss. 1965, 148–158.
– –: Chromomeres and genes. In: Beermann, W. (Ed.): Results and problems in cell differentiation. Springer, Berlin, 4, 1–33 (1973).
BIELKA, H. (Hrsg.): Molekulare Biologie der Zelle. 2. Aufl. Fischer, Jena 1973, 1–645.
BIER, K. H.: Oogenesetypen bei Insekten und Vertebraten. Verh. Zool. Ges. Würzburg 1969, 7–29.
BOVERI, TH.: Die Potenzen der *Ascaris*-Blastomeren bei abgeänderter Furchung. Zugleich ein Beitrag zur Frage qualitativ ungleicher Chromosomenteilung. Festschrift R. Hertwig Bd. III, Fischer, Jena, 1910, 133–214.
BRACHET, A. E., MIRSKY, A. E. (Hrsg.): The cell, Biochemistry, Physiology, Morphology, 6 Bde, Acad. Press, New York 1959–1964.
BRESCH, C., HAUSMANN, R.: Klassische und Molekulare Genetik. 3. Aufl., Springer, Berlin 1972, 1–415.
BRIGGS, R., KING, T. J.: Nucleocytoplasmatic interactions in eggs and embryos. In: Brachet, J., Mirsky, A. F. (Eds.) The cell, Bd. 1, 1959, S. 537–617.

CHEN, P. S.: Biochemistry of nucleo-cytoplasmic interactions in Morphogenesis. In: Weber, R. (Ed.): The biochemistry of animal development. Acad. Press, New York, 1967, 115–191.

COLLIER, J. R.: The transcription of genetic information in the Spiralian Embryo. In: Current topics in Dev. Biol. 1, 39–59, (1966).

DAN, J. C.: Morphogenetic aspects of acrosome formation and reaction. Adv. Morphogenesis 8, 1–39 (1970).
DANNEEL, R.: Phaenogenetik der Kaninchenfärbung. Ergebnisse der Biologie 18, 55–87 (1941).
DAVIDSON, E.-H.: Gene activity in early development. Acad. Press New York 1968, 1–375.

GEILENKIRCHEN, W. L. M., VERDONK, N. H., TIMMERMANS, LUCIE P. M.: Experimental studies on morphogenetic factors localized in the first and the second polar lobe of *Dentalium* eggs. J. Embr. exp. Morph. 23, 237–243 (1970).
GIUDICE, G., MUTOLO, V., DONATUTI, G.: Gene expression in sea urchin development. Roux Arch. 161, 118–128 (1968).
GROSS, T. R., COUSINEAU, G. H.: Macromolecule synthesis and the influence of actinomycin on early development. Exp. Cell Res. 33, 368–395 (1964).
GROSS, T. R.: The control of protein synthesis in embryonic development and differentiation. In: Monroy, A., Moscona, A. A. (Eds.): Current Topies in Dev. Biol. 2, 1–46 (1967).
GURDON, J. B.: The transplantation of living cell nuclei. Adv. Morphogenesis 4, 1–42 (1964).
– –: Die cytoplasmatische Kontrolle der Genaktivität (Übers.). Endeavour 25, 95–99 (1966).

HADORN, E.: Letalfaktoren in ihrer Bedeutung für Erbpathologie und Genphysiologie der Entwicklung. Thieme, Stuttgart 1955, 1–338.
HAGEMANN, R.: Plasmatische Vererbung. Fischer, Jena 1964, 1–270.
HARVEY, ETHEL B.: The American *Arbacia* and other sea urchins. Univ. Press, Princeton 1956, 1–298.
HERBST, C.: Experimentelle Untersuchungen über den Einfluß der veränderten chemischen Zusammensetzung des umgebenden Mediums auf die Entwicklung der Tiere. Versuche an Seeigeleiern. Zeitschr. wiss. Zool. 55, 446–518 (1892). Mitt. Zool. Staz. Neapel 11, 136–220 (1893). Roux' Archiv 2, 455–516 (1896).

HERTWIG, P.: Artbastarde bei Tieren. In: Baur, E., Hartmann, M.: Handbuch der Vererbungswissenschaft. II, 1936, 1–140.

HÖRSTADIUS, S.: Experimental researches on the developmental physiology of the sea urchin. Publ. Staz. Zool. Napoli 21, Suppl. 1949, 131–172.

HUJER, HEIDRUN: **Dokumentation zur Funktionsstruktur der Energiden im Entwicklungsprozeß des Eies der Libellen *Platycnemis pennipes* und *Ischnura elegans*.** Verh. Dtsch. Zool. Ges. **67**, **Bochum, 178–183 (1975).**

ILLMENSEE, K.: Developmental potencies of nuclei from cleavage, preblastoderm, and syncytial blastoderm transplanted into unfertilized eggs of *Drosophila melanogaster*. Roux' Arch. 170, 267–298 (1972).

– –: The potentialities of transplanted early gastrula nuclei of *Drosophila melanogaster*. Production of their imago descendants by germ-line transplantation. Roux' Archiv 171, 331–343 (1973).

ILLMENSEE, K., **MAHOWALD, A. P.: Transplantation** of posterior polar plasm in *Drosophila*. **Induction of germ cells at the** anterior pole of the egg. Proc. Nat. Acad Sci. **U.S.A. 71, 1016–1020** (1974).

JINKS, J. L.: Extrachromosomale Vererbung (Übers.). Fischer, Stuttgart 1967, 1–177.

KING, T. J., BRIGGS, R.: Transplantation of living nuclei of late gastrulae into enucleated eggs of *Rana pipiens*. J. Embr. exp. Morph. 2, 73–80 (1954).

KNIPPERS, R.: Molekulare Genetik, Thieme, Stuttgart 1971, 1–286.

KOMNICK, H., WOHLFARTH-BOTTERMANN, K. E.: Morphologie des Cytoplasmas. Fortschr. Zool. 17, 1–154 (1966).

KOSSEL, H.: Molekulare Biologie. 2. **Aufl.** Klett Stuttgart 1970, 1–126.

KRAUSKOPF, Christina: Elektronenmikroskopische Untersuchungen über die Struktur der Oozyte und des 2-Zellenstadiums beim Kaninchen. Zeitschr. f. Zellf. 92, 275–295 und 276–312 (1968).

KÜHN, A.: Grundriß der Vererbungslehre. 5. Aufl. von A. EGELHAAF, Quelle und Meyer, Heidelberg 1965, 1–274.

KUNZ, W.: Die Entstehung multipler Oocytennukleolen aus akzessorischen DNS-Körpern bei *Gryllus dom.* Chromosoma 26, 41–75 (1969).

LAVEN, H.: Plasmatische Vererbung. Verh. dtsch. Zool. Ges. Wien 1962, 65–78.

LEHMANN, F. E.: Zur Entwicklungsphysiologie der Polplasmen des Eies von *Tubifex*. Revue Suisse de Zool. 55, 1–43 (1948).

– –: Plasmatische Eiorganisation und Entwicklungsleistung beim Keim von *Tubifex* (Spiralia). Die Naturwiss. 43, 289–296 (1956).

LOEWY, A. G., SIECKEWITZ, PH.: Die Zelle, München 1967, 1–242.

LYNEN, F.: Biochemische Strukturen in der lebendigen Substanz. Jahrb. d. MPG 1969, 47–92.

METZ, B., MONROY, A. (Eds.): **Fertilisation.** Acad. Press, New York, 7 Bde., 1967, 1–489; 1969, 1–489.

MICHAELIS, P.: Plasmavererbung. In: Handbuch der Pflanzenzüchtung, 2. Aufl., Bd. 1, Berlin 1955.

MORITZ, K. B.: Die Blastomerendifferenzierung für Soma und Keimbahn bei *Parascaris equorum*. Roux' Archiv 159, 31–88, 203–266 (1967).

NETZEL, H.: Zur Ausprägung von Polarität und Bilateralsymmetrie in den Oocyten von *Gryllus domesticus L.* Roux' Archiv 160, 119–156 (1968).

RAVEN, CHR. P.: Mechanism of determination in the development of gastropods. Adv. Morphogenesis 3, 1–32 (1964).

RIEGER, R., MICHAELIS, A.: Genetisches und cytogenetisches Wörterbuch. 2. Aufl. Berlin 1958, 1–648. Engl. Ausgabe mit M. M. GREEN 1968.

RUNNSTRÖM, J., HAGSTRÖM, B. E., PERLMAN, P.: Fertilisation. In: Brachet und Mirsky, The Cell 1959, Bd. 1, 327–398.

RUNNSTRÖM, J.: The vitelline membran and cortical particles in sea urchin eggs and their function in maturation and fertilization. Adv. Morphogenesis 5, 222–325 (1966).

SCRIBA, M.: Beeinflussung der frühen Imaginalentwicklung von *Drosophila melanogaster* durch Chromosomenaberrationen. Zool. Jb. Anat. 81, 435–490 (1964); s. auch Roux' Arch. 159, 314–345 (1967), Dev. Biol. 19, 160–177 (1969).

SPIRIN, A. S.: On „masked" forms of messenger RNS in eraly embryogenesis and in other differentiating systems. Current Topics in Dev. Biology 1, 1 (1966).

STEGNER, H. E.: Die elektronenmikroskopische Struktur der Eizelle. Erg. Anat. Entw .Gesch. 39, 1967, 7–113.

SWANSON, C. P., MERZ, T., YOUNG, W. J.: Zytogenetik. Fischer, Stuttgart 1970, 1–179.

TIMMERMANS, LUCY P. M., GEILENKIRCHEN, W. L. M., VERDONK, N. H.: Local accumulation of Feulgen-positive granules in the egg cortex of *Dentalium dentale* L. J. Embryol. exp. Morph. 23, 245–252 (1970).

TRÄGER, L.: Einführung in die Molekularbiologie. Fischer, Jena 1969, 1–151.

TYLER, A., TYLER, B. S.: Physiologie of fertilisation and early development. In: Boolootian, R. A. (Ed.): Physiology of Echinodermata. Wiley, New York 1966, 683–741.

TYLER, A.: Masked messenger RNA and cytoplasmic DNA in relation to proteinsynthesis and processes of fertilization and determination in embryonic development. Dev. Biol., Suppl. 1, 170–226 (1967).

TYLER, A.: Artificial parthenogenesis. Biological Reviews of the Cambridge Phil. Society 16, 1941, 291–330.

VERDONK, N. H., GEILENKIRCHEN, W. L. M., TIMMERMANS, LUCY P. M.: The localisation of morphogenetic factors in uncleaved eggs of *Dentalium*.

ZILLIG, W.: Analyse des Transcriptionsprozesses in vitro. Struktur und Funktion der DNA-abhängigen RNA-Polymerase. Jahrb. M. P. Ges. 1969, 188–210.

3. Bildung der Körpergrundgestalt

CHAN, L. N., GEHRING, W.: Determination of blastoderm cells in *Drosophila melanogaster*. Proc. Nat. Acad. Sci. U.S.A. 68, 2217–2221 (1971).

COUNCE, SHEILA, J.: The causal analysis of insect embryogenesis. In: Counce, S. J., Waddington, C. H. (Eds.): Development systems: Insects, Bd. 2, 1973, 1–156.

CURTIS, A. S. G.: Die Zellrinde (Übers.) Endeavor 22, 134–137 (1963).

CZIHAK, G.: Entwicklungsphysiologische Untersuchungen an Echiniden. Roux' Arch. 156, 504–524 (1965), sowie ebenda 157, 199–211 (1966).

CZIHAK, G., WITTMANN, H. G., HINDENNACH, J.: Uridineinbau in die Nucleinsäuren von Furchungsstadien der Eier des Seeigels *Paracentrotus lividus*. Zeitschr. f. Naturf. 22 b, 1176–1182 (1967).

CZIHAK, G.: Molekularbiologische Aspekte der frühen Embryonalentwicklung von Seeigeln. Pubbl. Staz. Zool. Napoli 36, 321–345 (1968).

DEUCHAR, E. M.: Biochemical aspects of amphibian development. Methuen, London 1966.

DUSPIVA, F., SCHELLER, K., WEISZ, DORIS, WINTER, HERMELITA: Ribonucleinsäure in der telotroph-meroistischen Ovariole von *Dysdercus intermedius* Dist. (Heteroptera, Pyrrhoc.). Roux' Arch. 172, 83–130 (1973).

GEHRING, W. J.: **Genetic control of determination in the** *Drosophila* embryo. Gen. Mechanisms of Development. Symp. of the Soc. for Dev. Biol. 31, 103–128 (1973).

HANSEN-DELKESKAMP, ELIS., SAUER, H. W., DUSPIVA, F.: Ribonukleinsäuren in der Embryogenese von *Acheta domestica L.* Z. Naturf. 22 b, 540–545 (1967).

HEINIG, S.: Die Abänderung embryonaler Differenzierungsprozesse durch totale Röntgenbestrahlung im Ei von *Gryllus domesticus*. Zool. Jahrb. Anat. 84, 425–492 (1967).

HOLTFRETER, J.: A study of the mechanies of gastrulation I. J. exp. Z. 94, 261–381 (1943).

HÖRSTADIUS, S.: Experimental researches on the developmental physiolgy of the sea urchin. Publ. Staz. Zool. Napoli, 21, Suppl. 1949, 131–172.

HÖRSTADIUS, S., JOSEPHSON, L., RUNNSTRÖM, J.: Morphogenetic agents from unfertilized eggs of the sea urchin *Paracentrotus lividus*. Dev. Biol. 16, 189–202 (1967).

HÖRSTADIUS, S., JOSEPHSON, L.: Morphogenetic substances from sea urchin eggs. Isolation of animalizing substances from developing eggs of *Paracentrotus lividus*. Acta Embr. Exp. 1972, 7–23.

JOSEFSSON, L., HÖRSTADIUS, S.: Morphogenetic substances from sea urchin eggs. Isolation of animalizing and vegetalizing substances from unfertilized eggs of *Paracentrotus lividus*. Dev. Biology 20, 481–500 (1969).

KANELLIS, A.: Anlagenplan und Regulationserscheinungen in der Keimanlage des Eies von *Gryllus domesticus*. Roux' Archiv 145, 417–461 (1952).

KOCH, P.: In vitro-Kultur und entwicklungsphysiologische Ergebnisse an Embryonen der Stabheuschrecke *Carausius morosus BR.* Roux' Arch. 155, 549–593 (1964).

KRAUSE, G.: Analyse erster Differenzierungsprozesse im Keim der Gewächshausheuschrecke durch künstlich erzeugte Zwillings-, Doppel- und Mehrfachbildungen. Roux' Archiv 132, 115–205 (1934).

– –: Die Regulationsfähigkeit der Keimanlage von *Tachycines* (Orthoptera) im Extraovatversuch. Roux' Archiv 139, 639–723, (1939).

– –: Die Aktionsfolge zur Gestaltung des Keimstreifs von *Tachycines* (Saltatoria), insbesondree das morphogenetische Konstruktionsbild bei Duplicitas parallela. Roux' Archiv 146, 275–370 (1953).

KRAUSE, G.: Neue Beiträge zur Entwicklungsphysiologie des Insektenkeimes. Verh. Dtsch. Zool. Ges. Graz, 396–424 (1958).

KRAUSE, G., KRAUSE, JOHANNA: Die Entwicklung prospektiver Diapause-Keime *(Bombyx mori)* in vitro ohne Dormanz I. Roux' Arch. 167, 137–163 (1971). II ebenda 171, 121–159 (1972). III ebenda 176, 125–150 (1974).

KÜTHE, H-W.: Das Differenzierungszentrum als selbstregulierendes Faktorensystem für den Aufbau der Keimanlage im Ei von *Dermestes Frischi* (Coleoptera). Roux' Arch. 157, 212–302 (1966).

MAHR, E.: Struktur und Entwicklungsfunktion des Dotter-Entoplasma-Systems im Ei des Heimchens *(Acheta domestica)*. Roux' Archiv 152, 263–302 (1960).

– –: Bewegungssysteme in der Embryonalentwicklung von *Gryllus domesticus*. Roux' Archiv 152, 662–724 (1960).

NIEUWKOOP, P. D.: Causal analysis of the early development of the primordial germ cells and the germ ridges in urodeles. Arch. d'Anatomie micr. et de Morph. exp. 39, 257–268 (1950).

PASTEELS, I. J.: The morphogenetic role of the cortex of the amphibian egg. Adv. Morphogenesis 3, 363–388 (1964).
PFLUGFELDER, O.: Entwicklungsphysiologie der Insekten. 2. Aufl. Akad. Verl. Ges. Leipzig 1958, 1–490.

RUNNSTRÖM, J.: Die Analyse der primären Differenzierungsvorgänge im Seeigelkeim. Verh. Dtsch. Zool. Ges. Tübingen 1954, 32–68.
– –: Considerations on the control of Differentiation in the early sea urchin development. Arch. Zool. Italiano 51, 239–272 (1966).
– –: The mechanism of control of differentiation in early development of the sea urchin. A tentation discussion. Exp. Biol. Med. 1, 52–62 (1967).

SANDER, K.: Analyse des ooplasmatischen Reaktionssystems von *Euscelis plebeius* Fall. (Cicadina) durch Isolieren und Kombinieren. I und II. 151, 430–497, 660–707 (1960).
– –: Pattern formation in longitudinal halves of Leaf Hopper eggs (Homoptera) and some Remarks on the definition of „Embryonic Regulation". Roux' Archiv 167, 336–352 (1971).
SAUER, G.: Die Regulationsfähigkeit des Keimanlagenblastoderms von *Gryllus domesticus* beim Beginn der Wirkung des Differenzierungszentrums. Zool. Jahrb. Anat. 79, 149–222 (1961).
– –: Beziehungen zwischen der Bewegungsmöglichkeit und dem Regulationsvermögen von Blastodermbereichen im Grillenei. Verh. Dtsch. Zool. Ges. Saarbrücken 1961, 323–329.
SAUER, H. W.: Zeitraffer-Mikro-Film-Analyse embryonaler Differenzierungsphasen von *Gryllus domesticus*. Z. Morph. Ök. d. Tiere 56, 143–251 (1966).
– –: Über die Nukleinsäuren bei der Bildung der Keimanlage im Ei der Grille *(Acheta domestica)*, Verh. Dtsch. Zool. Ges. 64, Köln 47–56 (1970).
SCHNETTER, M.: Physiologische Untersuchungen über das Differenzierungszentrum in der Embryonalentwicklung der Honigbiene. Roux' Archiv 131, 285–323 (1934).
SCHWALM, F. E.: Zell- und Mitosenmuster der normalen und nach Röntgenbestrahlung regulierenden Keimanlage von *Gryllus domesticus*. Z. Morph. Ök. d. Tiere 55, 915–1023 (1965).
SEIDEL, F., KOCH, P.: Untersuchungen zur Kultur von Insektenembryonen in vitro. Embryologia 8, 200–222 (1964).

TAKAMI, T.: In vitro development of insect embryos. In: Vago, C.: Invertebrate tissue culture, Bd. 2, Acad. Press, New York 1972, 137–159.
TIEDEMANN, H., TIEDEMANN, HILDEGARD: Versuche zur chemischen Kennzeichnung von embryonalen Induktionsstoffen. Hoppe-Seiler's Z. f. Chemie 306, 7–32 (1956).
TIEDEMANN, H.: Biochemische Untersuchungen über die Induktionsstoffe und die Determination der ersten Organanlagen bei Amphibien. In: Induktion und Morphogenese, Springer, Berlin, 1963, 177–204.
– –: Extrinsic and intrinsic information transfer in early differentiation of amphibian embryos. Symp. Soc. for exp. Biol. 25, 223–234 (1971).
TOIVONEN, S., SAXÉN, L., VAINIO, T.: Über die Natur der deuterenkephalen Leistung in der embryonalen Induktion. Roux' Arch. 154, 293–307 (1963).
TOWNES, PH. L., HOLTFRETER, J.: Directed movements and selective adhesion of embryonic amphibian cells. J. exp. Zool. 128, 53–120 (1955).

WOLF-NEIS, Renate: Differenzierungsverlauf von *Carausius*-Embryonen in ovo und in vitro. Zool. Jb. Anat. 91, 1–18, 153–200 (1973).
WRIGHT, TH. R. F.: The genetics of embryogenesis in *Drosophila*. Adv. in genetics 15, 261–395 (1970).

4. Morphologische und histologische Differenzierung der Organe

AUERBACH, R.: Morphogenetic Interactions in the Development of the Mouse Thymus Gland. Dev. Biol. 2, 271–288 (1960).

BECKER, H. J.: Die Puffs der Speicheldrüsen von *Drosophila melanogaster* II. Die Auslösung der Puffbildung, ihre Spezifität und ihre Beziehung zur Funktion der Ringdrüse. Chromosoma 13, 341–384 (1962).

BEERMANN, W.: Ein BALBIANI-Ring als Locus einer Speicheldrüsen-Mutation. Chromosoma 12, 1–25 (1961).

BESSIS, M.: Morphology of the different stages of maturation of the cells of the erythrocytic series in Mammals. Exp. Biol. and Med. 1, 220–233 (1967).

BRAUNITZER, G.: Die Primärstruktur der Eiweißstoffe. Die Naturwiss. 54, 407–417 (1967).

CHANTRENNE, H., BURNY, A., MARBAIX, G.: The search for the messenger RNA of haemoglobin. Progr. Nucleic Acid. Res. Mol. Biol. 7, 173 (1967).

DE HAAN, R. L., URSPRUNG, H. (Eds.): Organogenesis. Holt, New York 1965, 1–804.

DETWILER, S. R.: Neuroembryology: An experimental study. Macmillan New York 1936, 1–128.

FISCHER, H.: Zelluläre Aspekte der Immunität. Arb. Gem. f. Forschung, Nordrhein-Westf. Naturwiss. Köln und Opladen. 179, 23–41 (1968).

– –: Wie entsteht Immunität? Erforschungen von Immunsystemen in vitro. Mittlg. Max-Planck-Ges., 1970, 69–94.

GEHRING, W., NÖTHIGER, R.: The imaginal discs of *Drosophila*. In: Counce-Nicklas, S., Waddington, C. H. (Eds.) Developmental Systems: Insects. Acad. Press New York 1973, Bd. 2, 212–219.

GERSCH, M.: Vergleichende Endokrinologie der wirbellosen Tiere. Akad. Verl. Ges. Leipzig 1964, 1–534.

GOLDWASSER, E.: Erythropoietin induction of red cell differentiation. Exp. Biol. and Med. 1, 234–243 (1967).

GROBSTEIN, C.: Transfilter induction of tubules in mouse metanephrogenic mesenchyme. Exp. Cell. Res. 10, 424–440 (1956).

– –: Cytodifferentiation and its controls. Science 143, 643–650 (1964).

GROSSBACH, U.: Chromosomen-Aktivität und biochemische Zelldifferenzierung in den Speicheldrüsen von *Camptochironomus*. Chromosoma 28, 136–187 (1969).

GURDON, J. B., LANE, C. D., WOODLAND, H. R., MARBAIX, G.: Use of Frog eggs and oocytes for the study of messenger RNA and its translation in living cells. Nature 233 (1971).

HADORN, E.: Konstanz, Wechsel und Typus der Determination und Differenzierung in Zellen aus männlichen Genitalanlagen von *Drosophila melanogaster* nach Dauerkultur in vitvo. Dev. Biol. 13, 424–509 (1966).

HAGEN, E., WECHSLER, W., ZILLIKEN, P. (Eds.): Morphological and biochemical aspects of cytodifferentiation. Exp. Biol. and Med. Bd. 1. Karger, Basel 1967, 1–271.

HANKE, W.: Hormone, 3. Aufl. De Gruyter, Berlin (Sammlung Göschen Nr. 1141/1141 a) 1969, 1–207.

HARRISON, R. G.: On relation of symmetry in transplanted limbs. Journ. exp. Zool. 32, 1–136 (1921).

HARRISON, R. G.: The effect of reversing the mediolateral or transverse axis of the fore-limb bud in the salamander embryo (*Amblystoma punctatum* Linn.). Roux' Archiv 106, 469–502 (1925).

HENKE, K.: Einfache Grundvorgänge in der tierischen Entwicklung I–II. Die Naturwiss. I, 34, 149–157, 180–186 (1947). II, 35, 176–181, 203–211, 239–246 (1948).
HILSCHMANN, N.: Die molekularen Grundlagen der Antikörperbildung. Die Naturwiss. 56, 195–205 (1969).
HÖRSTADIUS, S.: The neural crest. Univ. Press, Oxford, 1950, 1–111.
HUMPHREY, J. H., WHITE, R. G.: Kurzes Lehrbuch der Immunologie. Thieme, Stuttgart 1971, 1–488.

INGRAM, V. M.: The haemoglobins in genetics and evolution. Columbia Univ. Press 1963.

JUNGBLUT, P. W.: Mechanismus der Östradiolbindung in Erfolgsorganzellen. Hoppe-Seiler's Z. Physiol. Chem. 351, 71–782 (1970).

KALMAN, F., GROBSTEIN, C.: Source of collagen at epitheliomesenchymal interfaces during inductive interaction. Dev. Biol. 11, 169–183 (1965).
KARLSON, P.: Morphogenese und Metamorphose der Insekten. In: Induktion und Morphogenese. Springer, Berlin 1963, 101–126.
– –: Ecdyson, das Häutungshormon der Insekten. Die Naturwiss. 53, 445–453 (1966).
– –: Zur Topochemie der Hormonwirkung. Die Naturwiss. 62, 126–132 (1975).
KARLSON, P., DOENECKE, D., SEKERIS, C. E.: Intracellular mechanism of hormone action. Comprehensive Biochemistry (1975).
KONIGSBERG, J. R.: Clonal analysis of myogenesis. Science 140, 1273–1284 (1963).
KÜHN, A.: Über die Determination der Form-, Struktur- und Pigmentbildung der Schuppen von *Ephestia kühniella* Z. Roux' Arch. 143, 408–487 (1947–1949).

LEVI-MONTALCINI, Rita: Differentiation and growth control mechanism in the nervous systems. Exp. Biol. and Med. 1, 170–182 (1967).

MANGOLD, O.: Das Determinationsproblem I–III. Ergebnisse der Biologie III. 1928, 151–227; V, 1929, 290–404; VII, 1931, 193–403.

PAUL, J., HUNTER, J. A.: Synthesis of macromolecules during induction of haemoglobin synthesis by erythropoietin. J. molec. Biol. 42, 31–41 (1969).
PAUL, J., GILMOUR, R. S., AFFARA, N., BIRNIE, G., HARRISON, P., HELL, A., HUMPHRIES, S., WINDASS, J., YOUNG, B.: The globin gene: Structure and expression. Cold Spring Harbour Symp. Quant. Biol. 38 (1973).
PERUTZ, M. F.: Proteins and nucleic acids. Structure and function. Amsterdam, New York 1961.

SEIDEL, F.: Entwicklungsphysiologie der Wirbellosen. Fortschr. Zool. N. F. Bd. 9, 620–699 (1952).
SEKERIS, C. E.: Die Wirkung von Hormonen auf den Zellkern. Chemie in unserer Zeit 3, 171–177 (1969).
SPERRY, R. W.: Embryogenesis of behavorial nerve nets. In: De Haan, R. L., Ursprung, H.: Organogenesis. Holt 1965, 161–186.
STRUDEL, G.: Some aspects of organogenesis of the Chic spinal column. Exp. Biol. and Med. 1, 183–198 (1967).

TATA, J. R.: Thyroidhormones and regulation of protein synthesis. In: Karlson, P.: Mechanism of hormon action. Thieme, Stuttgart 1965, 173–187.
– –: Simultaneous acquisition of metamorphic response and hormone binding in *Xenopus* larvae. Nature 227, 686–689 (1970).
TRINKAUS, J. P.: Mechanismus of morphogenetic movements. In: De Haan, R. L., Ursprung, H. (Eds.): Organogenesis. Holt, New York, 1965, 55–104.

URSPRUNG, H. (Ed.): The stability of the differentiated state. Springer, Berlin 1968, 1–154.

URSPRUNG, H., NÖTHIGER, R. (Eds.): The biology of imaginal disks. Springer, Berlin 1972, 1–172.

WEBER, R.: Biochemistry of amphibian metamorphosis. In: Weber, R. (Ed): The biochemistry of animal development. 3 Bde. Acad. Press, New York, Bd. II, 1967, 227–301.

WESSELS, N. K.: Tissue interactions and cytodifferentiation. Journ. exp. Zool. 157, 139–152 (1964).

WIGGLESWORTH, V. B.: The physiology of insect metamorphosis. Cambridge Univ. Press, London 1954, 1–152.

WITSCHI, E.: Amphibians, Metamorphosis. In: Witschi, E.: Development of Vertebrates. Saunders, Philadelphia 1956, 124–187.

WOELLWARTH, von, C. V.: Die Rolle des Neuralleistenmaterials und der Temperatur bei der Determination der Augenlinse. Embryologia (Nagoya) 6, 219–242 (1961).

WOLPERT, L., GUSTAFSON, T.: Zellbewegung und Zellkontakt bei der Seeigel-Morphogenese. Endeavour 26, 85–90 (1967).

YAMADA, T.: Differentiation of lens cells. Exp. Biol. and Med. 1, 170–182 (1967).

ZILLIKEN, F.: Der chondrogene Faktor aus Hühnerembryonen. In: Induktion und Morphogenese. Springer, Berlin 1963, 144–170.

– –: Notochord induced cartilage formation in Chic somites: Intact tissue versus extracts. Exp. Biol. and Med. 1, 199–212 (1967).

E. Periodica

Advances in Genetics (Ed. E. W. Caspari) Acad. Press, New York (1973: Bd. 17).

Advances in Morphogenesis (Eds. M. Abercrombie, J. Brachet, Th. J. King) Acad. Press, New York (1973: Bd. 10).

Berichte über die wissenschaftliche Biologie, seit Bd. 306: Berichte Biochemie und Biologie (Hrsg. H. Bauer, E. Bünning, K. v. Frisch, L. Jaenicke) Springer, Berlin (1975: Bd. 421).

Current Topics in Developmental Biology (Eds. A. A. Moscona, A. Monroy) Acad. Press, New York (1974: Bd. 8).

General embryological Information Service (Ed. J. Faber) Hubrecht Laboratory, Utrecht. (1974/1975: Bd. 15).

Results and Problems in Cell Differentiation. (Eds. W. Beermann, J. Reinert, H. Ursprung) Springer, Berlin (1975: Bd. 6).

Verhandlungen der Deutschen Zoologischen Gesellschaft (Hrsg. R. Rathmayer) Fischer, Stuttgart (1975: Jg. 67).

Namenregister

Sachregister

MIX

Papier | Fördert gute Waldnutzung

FSC® C083411

Zeitfracht Medien GmbH
Ferdinand-Jühlke-Straße 7
99095 Erfurt, Deutschland
produktsicherheit@kolibri360.de